U0338846

院士解锁中国科技

环境卷

朱永官 主笔

给"发烧"的地球降降温

中国编辑学会 中国科普作家协会 主编

中国少年儿童新闻出版总社
中国少年儿童出版社
北 京

图书在版编目（CIP）数据

给"发烧"的地球降降温 / 朱永官主笔. — 北京：
中国少年儿童出版社，2022.12
（院士解锁中国科技）
ISBN 978-7-5148-7844-8

Ⅰ．①给… Ⅱ．①朱… Ⅲ．①环境保护－中国－少儿
读物 Ⅳ．①X-12

中国版本图书馆CIP数据核字(2022)第237254号

GEI FASHAO DE DIQIU JIANGJIANGWEN
（院士解锁中国科技）

出版发行：中国少年儿童新闻出版总社
中国少年儿童出版社

出 版 人：孙 柱
执行出版人：马兴民

责任编辑：李 橦　叶 丹	封面设计：许文会
美术编辑：徐经纬	版式设计：施元春
责任校对：杨 雪	形象设计：冯衍妍
插　　图：杜晓西	责任印务：厉 静

社　　址：北京市朝阳区建国门外大街丙12号	邮政编码：100022
编 辑 部：010-57526267	总 编 室：010-57526070
客 服 部：010-57526258	官方网址：www.ccppg.cn

印刷：北京利丰雅高长城印刷有限公司

开本：720mm×1000mm 1/16	印张：9.25
版次：2023年1月第1版	印次：2023年1月北京第1次印刷
字数：200千字	印数：1-5000册

ISBN 978-7-5148-7844-8	定价：67.00元

图书出版质量投诉电话：010-57526069，电子邮箱：cbzlts@ccppg.com.cn

"院士解锁中国科技"丛书编委会

总顾问

邬书林　杜祥琬

主　任

郝振省　周忠和

副主任

孙　柱　胡国臣

委　员

（按姓氏笔画排列）

王　浩	王会军	毛景文	尹传红
邓文中	匡廷云	朱永官	向锦武
刘加平	刘吉臻	孙凝晖	张彦仲
张晓楠	陈　玲	陈受宜	金　涌
金之钧	房建成	栾恩杰	高　福
韩雅芳	傅廷栋	潘复生	

本书创作团队

主 笔
朱永官

创作团队
（按姓氏笔画排列）

王琳玲　卢昌熠　冯兆忠　乔　敏

刘世梁　刘　竹　李　虎　李　昂

杨　军　咨　涛　张志明　陈　正

陈进生　郑　华　郑连明　侯慧杰

徐耀阳　逯　非　谢鹏超

"院士解锁中国科技"丛书编辑团队

项目组组长
缪　惟　郑立新

专项组组长
胡纯琦　顾海宏

文稿审读
何强伟　陈　博　李　橦　李晓平　王仁芳　王志宏

美术监理
许文会　高　煜　徐经纬　施元春

丛书编辑
（按姓氏笔画排列）

于歆洋　万　顿　马　欣　王　燕　王仁芳　王志宏　王富宾　尹　丽　叶　丹
包萧红　冯衍妍　朱　曦　朱国兴　朱莉荟　任　伟　邬彩文　刘　浩　许文会
孙　彦　孙美玲　李　伟　李　华　李　萌　李　源　李　橦　李心泊　李晓平
李海艳　李慧远　杨　靓　余　晋　张　颖　张颖芳　陈亚南　金银銮　柯　超
祝　薇　施元春　秦　静　顾海宏　徐经纬　徐懿如　殷　亮　高　煜　曹　靓

前　言

　　"院士解锁中国科技"丛书是一套由院士牵头创作的少儿科普图书，每卷均由一位或几位中国科学院、中国工程院的院士主笔，每位都是各自领域的佼佼者、领军人物。这么多院士济济一堂，亲力亲为，为少年儿童科普作品担纲写作，确为中国科普界、出版界罕见的盛举！

　　参与这套丛书领衔主笔的诸位院士表达了让人不能不感动的一个心愿：要通过撰写这套科普图书，把它作为科技强国的种子，播撒到广大少年儿童的心田，希望他们成长为伟大祖国相关科学领域的、继往开来的、一代又一代的科学家与工程技术专家。

　　主持编写这套丛书的中国少年儿童新闻出版总社是很有眼光、很有魄力的。在这些年我国少儿科普主题图书出版已经很有成绩、很有积累的基础上，他们策划设计了这套集约化、规模化地介绍推广我国顶级高端、原创性、引领性科技成果的大型科普丛书，践行了习近平总书记关于"科技创新、科学普及是实现创新发展的两翼，要把科学普及放在与科技创新同等重要的位置"的重要思想，贯彻了党的二十大关于"教育强国、科技强国、人才强国"的战略要求，将全民阅读与科学普及相结合，用心良苦，投入显著，其作用和价值都让人充满信心。

　　这套丛书不仅内容高端、前瞻，而且在图文编排上注意了从问题入手和兴趣导向，以生动的语言讲述了相关领域的科普知识，充分照顾到了少年儿童的阅读心理特征，向少年儿童呈现我国科技事业的辉煌和亮点，弘扬科学家精神，阐释科技对于国家未来发展的贡献和意义，有力地服务于少年儿童的科学启蒙，激励他们逐梦科技、从我做起的雄心壮志。

院士团队与编辑团队高质量合作也是这套高新科技内容少儿科普图书的亮点之一。中国少年儿童新闻出版总社集全社之力，组织了6个出版中心的50多位文、美编辑参与了这套丛书的编辑工作。编辑团队对文稿设计的匠心独运，对内容编排的逻辑追溯，对文稿加工的科学规范，对图文融合的艺术灵感，都能每每让人拍案叫绝，产生一种"意料之外、情理之中"的获得感。

丛书在编写创作的过程中，专门向一些中小学校的同学收集了调查问卷，得到了很多热心人士的大力帮助，在此，也向他们表示衷心的感谢！

相信并祝福这套大型系列科普图书，成为我国少儿主题出版图书进入新时代中的一个重要的标本，成为院士亲力亲为培养小小科学家、小小工程师的一套呕心沥血的示范作品，成为服务我国广大少年儿童放飞科学梦想、创造民族辉煌的一部传世精品。

郝振省

中国编辑学会会长

前　言

科技关乎国运，科普关乎未来。

一个国家只有拥有强大的自主创新能力，才能在激烈的国际竞争中把握先机、赢得主动。当今中国比过去任何时候都需要强大的科技创新力量，这离不开科学家创新精神的支撑。加强科普作品创作，持续提升科普作品原创能力，聚焦"四个面向"创作优秀科普作品，是每个科技工作者的责任。

科普读物涵盖科学知识、科学方法、科学精神三个方面。"院士解锁中国科技"丛书是一套由众多院士团队专为少年儿童打造的科普读物，站位更高，以为中国科学事业培养未来的"接班人"为出发点，不仅让孩子们了解中国科技发展的重要成果，对科学产生直观的印象，感知"科技兴则民族兴，科技强则国家强"，而且帮助孩子们从中汲取营养，激发创造力与想象力，唤起科学梦想，掌握科学原理，建构科学逻辑，从小立志，赋能成长。

这套丛书的创作宗旨紧跟国家科技创新的步伐，遵循"知识性、故事性、趣味性、前沿性"，依托权威专业的院士团队，尊重科学精神，内容细化精确，聚焦中国科学家精神和中国重大科技成就。创作这套丛书的院士团队专业、阵容强大。在创作中，院士团队遵循儿童本位原则，既确保了科学知识内容准确，又充分考虑了少年儿童的理解能力、认知水平和审美需求，深度挖掘科普资源，做到通俗易懂。丛书通过一个个生动的故事，充分体现出中国科学家追求真理、解放思想、勤于思辨的求实精神，是中国科学家将爱国精神与科学精神融为一体的生动写照。

　　为确保丛书适合少年儿童阅读，院士团队与编辑团队通力合作。在创作过程中，每篇文章都以问题形式导入，用孩子们能够理解的语言进行表达，让晦涩的知识点深入浅出，生动凸显系列重大科技成果背后的中国科学家故事与科学家精神。同时，这套丛书图文并茂，美术作品与文本相辅相成，充分发挥美术作品对科普知识的诠释作用，突出体现美术设计的科学性、童趣性、艺术性。

　　面对百年未有之大变局，我们要交出一份无愧于新时代的答卷。科学家可以通过科普图书与少年儿童进行交流，实现大手拉小手，培养少年儿童学科学、爱科学的兴趣，弘扬自立自强、不断探索的科学精神，传承攻坚克难的责任担当。少儿科普图书的创作应该潜心打造少年儿童爱看易懂的科普内容，着力少年儿童的科学启蒙，推动青少年科学素养全面提升，成就国家未来创新科技发展的高峰。

　　衷心期待这套丛书能够获得广大少年儿童朋友们的喜爱。

中国科学院院士
中国科普作家协会理事长

写在前面的话

每当你仰望星空的时候，是否知道，地球是浩瀚宇宙中目前唯一已知有生命存在的星球。

亿万年来，地球孕育出了绚丽多姿、丰富多彩的生物。从肉眼看不见的微生物，到体重逾百吨的巨型海洋动物——蓝鲸，它们都是地球家园的成员。虽然人类是地球生物演化的顶级物种，但也仅仅是一个物种而已。

数十万年来，人类从丛林中走出来，历经狩猎采食、原始文明、农耕文化、工业革命，再到如今的信息社会，自然环境始终是人类赖于生存和繁荣的基础。

但是作为一个聪慧的物种，技术的进步使人类迅速繁衍，如今地球上人口已达 80 亿。据估计，人类的总量是地球上所有哺乳动物总量的近十倍；而人类所饲养的动物的总量，则是所有哺乳动物总量的一百多倍。

人类对地球的影响已经漫过平原、草地与湖泊，触及大洋、极地和高原。人类的生活和生产已经给地球带来了巨大的压力，造成生物多样性锐减、化学污染加剧以及全球气候变化这三大危机，更进一步导致地球生态系统急剧退化，影响着人类的健康与繁荣。

针对地球面临的这些生态环境危机，我们必须构建起人与自然和谐共生的良好关系，走实现可持续发展之路。

在这本书里，我和我的科研伙伴们，从一个个典型的环境问题入手，通过生动有趣的故事，为同学们讲述了地球环境与人类生存的重要意义。每一个故事都是从大家的日常生活出发，虽朴实但极富启发性和引导性。在这些故事中，也展现了我国科学家在解决全球性环境问题上所做出的巨大贡献。

我们期望这本书可以更好地帮助同学们探索和认知自然，唤起大家对地球环境的敬畏之心，更好地保护我们美丽的地球家园。

中国科学院院士
发展中国家科学院院士

目录

逗逗变变变!

快跟着逗环一起去环保世界看看吧！

同学们,你们是否有过这样的经历,一早起床却发现窗外是一片雾蒙蒙的天空?还有,走在上学的路上,特别是在冬天,仿佛置身云雾之中,视线模糊,看不清前面10多米远的行人和汽车?

有人把这种天气叫作"雾霾天"。那么,灰蒙蒙的天气就一定是有雾霾吗?那可不一定哦。

同学们一定也很好奇,雾霾究竟是个什么东西?

一般说来,雾是指空气中悬浮的微小水滴,也就是水蒸气折射或遮蔽了太阳光,令我们看不清远处的物体。雾通常在雨天或冬春季节的清晨较常出现。

霾则是指空气中悬浮着的灰尘,也就是细颗粒物或我们经常说的 PM2.5(直径小于或等于 2.5 微米的颗粒物)。太阳光在它们的散射作用下,令空气看起来有些混浊,使我们同样看不清远处的物体。

你就是个"渣"!

这样看来，雾和霾都能造成能见度降低的现象，但各自起作用的一个是小水滴，另一个则是颗粒物。所以，气象学上一般把这种小水滴所起的作用称为自然天气过程，而把颗粒物所起的作用称为空气污染过程。

小贴士

《诗经·国风·邶风》中有一首《终风》这样写道："终风且霾，惠然肯来。莫往莫来，悠悠我思。"翻译成白话的意思就是："大风卷起沙尘，（爱人）可愿顺心归来。别后不再来往，让我思念万千。"

我们中国历史悠久，很早以前就有关于"霾"的记载，比如《诗经》中对"霾"的描写，就很类似"沙尘暴"一样的天气现象，或者像北方地区常出现的沙尘或浮尘天气。

看来，"霾"作为天气现象的记录在古时候就有了。

但是，日常天空中灰蒙蒙的不一定都是霾，雾天也可能造成相同的景象。雾和霾都会带来能见度的下降，使人们感觉到天气呈现出灰蒙蒙或雾蒙蒙的样子，不够清晰和通透。事实上，雾和霾之间并不存在一个截然分明的界线，往往是雾中有霾、霾中有雾，很难简单地用某个指标将它们严格区分开来。科学家们还研究发现，当空气中的雾气浓度较高时，如果再遇上人们排放的污染颗粒物较多，就会导致空气质量快速下降，形成雾霾天气。

通过上面的介绍，同学们不难发现，雾和霾是有差别的，但它们又有一些共同的特点。在不少地区，就将雾和霾统称为"雾霾天气"，作为灾害性天气进行预警和预报，反映了特定天气条件与人类活动排放的污染物相互作用的结果。

那么，我们在日常生活中提到的"霾"，又是怎么造成的呢？

日常生活中的"霾"，主要是由人们在生活和生产过程中的各种污染排放造成的。同学们一定都见过汽车尾气吧，特别是货车排放的尾气，有时看上去颜色还会有点儿深黑，其实就是因为尾气中含有细颗粒污染物；还有，大工厂里高高耸立的大烟囱，它们也会排放出工厂锅炉烟气中的细颗粒污染物，以及二氧化硫和氮氧化物等气态污染物。排入大气后的气态污染物在光照等作用下，会转化成细颗粒污染物。正是这些来源不同的细颗粒污染物，共同构成了影响人们视觉感观的"霾"污染。

咱俩是不是犯错误了？

我也有罪.

既然霾主要是由空气中的细颗粒污染物造成的，那么，这些细颗粒污染物中又包含哪些有害成分呢？

前面说了，城市里的细颗粒污染物主要是由汽车尾气和工厂废气造成的，它们的表面有很多孔隙，可以吸附多种有毒有害的物质。经科学家研究发现，霾的组成成分非常复杂，包括数百种大气化学颗粒物质。

小贴士

雾气看似温和，里面却也包含20多种对人体有害的细颗粒、有毒物质，比如像酸、碱、盐、胺、酚等，以及尘埃、花粉、螨虫、流感病毒、结核杆菌、肺炎球菌等，其含量是普通大气水滴的几十倍。

雾霾污染物含有那么多有毒有害的化学成分，那么，它会对我们的身体带来怎样的危害呢？

首先是伤害我们的呼吸系统。其中颗粒较大的污染物通过鼻子进入人体后，会停留在支气管上，颗粒较小的污染物则会直接进入我们的肺部，黏附在肺泡上，共同引发急性鼻炎和急性支气管炎等病症。

其次是伤害我们的心血管系统。细颗粒污染物会阻碍正常的人体血液循环,导致心血管病、高血压、冠心病、脑出血,甚至诱发心绞痛、心肌梗死、心力衰竭等病症。

快跑啊!

如果这些污染物进入我们的血液,还会随着血液的循环流动影响到我们的大脑、胃等器官。

一直以来,我们国家高度重视对雾霾天气污染的治理,特别是近几年,实施了"大气污染攻坚战"和"蓝天保卫战"等一系列政策,取得了很大的成效。尤其是在治理雾霾的"攻坚战"中,我国的科学家们更是做出了极大的贡献。

接下来,给同学们介绍一位中国大气污染防治领域的主要开拓者和领军人物。

郝吉明，中国工程院院士、美国国家工程院外籍院士，环境工程专家，清华大学环境学院教授、博士生导师。怎么样，光听这些头衔就够响亮的吧。

1981年，郝吉明获得清华大学硕士学位后，成为我国改革开放后第一批公派留学生，进入美国辛辛那提大学环境工程专业就读。

在当时，很多中国留学生都存在着年龄偏大、语言障碍严重、基础知识薄弱等问题。但是，废寝忘食地刻苦学习和钻研，却能够弥补诸多不足。最终，郝吉明成为班里第一批通过考试的学生。随后，他仅用一年半的时间，便顺利通过博士生资格考试，学分之高在该系至今未能有人突破。学成之后，郝吉明又成为我国改革开放后清华大学第一位从美国回校任教的博士。

"无论是学生还是学者，你研究的课题都要与国家和社会的需要结合起来，为国家发展做出贡献，否则将毫无意义。"他是这样说的，也是这样做的。

大气污染控制如何结合现有国情，环境治理如何与社会经济发展相协调？郝吉明深切地认识到，自己的研究领域具有广阔的发展空间，同时也面临着巨大的现实挑战。但是，压力和挑战吓不倒他，国家发展的需要指引着他砥砺前行。

20世纪80年代，我国曾是世界三大重酸雨区之一，酸雨和二氧化硫污染给我国造成了巨大的经济损失。

国家需要就是自己的前进动力！

从1985年起，郝吉明便带领着一支科研团队，先后对我国西南、华南和东部地区的酸雨状况开展控制研究，创新性地提出了国际领先的硫－氮－盐基三维临界负荷理论，成为确定我国二氧化硫和氮氧化物排放控制目标的关键科学依据。

由他主持编制的《燃煤二氧化硫排放污染防治技术政策》，为国内175个地级市和全国主要大气污染物减排规划提供了技术方法。

在担任首席科学家时完成的《新时期国家环境保护研究》中，郝吉明提出了我国中长期大气污染防治的目标和技术路线图，为我国《环境空气质量标准》修订和《大气污染防治行动计划》、《打赢蓝天保卫战三年行动计划》提供了核心技术依据，推动了我国大气污染治理从总量控制到质量控制的历史性转变……

面对这些成就，郝院士却总是谦虚地说："这是我的专业，我的责任，也是我应该有的担当。做科研要务实，要以为国家发展、改善人民生活服务为目的。"

所以，同学们一定要向郝吉明院士学习，以科学家为榜样，积极参与环境保护，从自己做起，从身边小事做起，倡导绿色出行，减少污染物排放，养成节电习惯，还要随时关注身边可疑的排污企业，勇敢举报破坏环境的行为，共建美丽中国。

同学们，让我们一起加油！

夏天到了,当同学们跟着爸爸妈妈利用暑假到海边度假时,如果在海滩上玩耍得太久,长时间受到强烈阳光的暴晒,脸上、手臂和后背就会发红发烫,隐隐作痛,严重的话还会出现水疱和脱皮。

这是为什么呢?

这就是太阳光在"捣鬼"了。因为太阳光主要是由红外线、紫外线和可见光组成的。其中紫外线的比例虽然只占到总成分的7%左右,但对我们的皮肤的损伤却是最大的。一旦照射时间过长,会导致毛细血管扩张、皮炎发作和晒伤,进而加速皮肤的老化。

事实上,大气层之外的太阳光更加毒辣。多亏在大气平流层中普遍存在着臭氧,特别是在距离地球10~30公里的这段区域内,臭氧相对富集。当太阳光穿过这一区域时,99%以上的紫外线被平流层大气中的氧气和臭氧吸收。

所以,在平流层中的臭氧通常被我们认为是"好"臭氧,是地球生物和人类的好朋友,被誉为地球的保护伞。也正是因为地球在6亿年前形成了臭氧层保护伞,才有了今天的人类以及世界万物的生存繁衍,才有了今天的地球这颗蓝色星球上的万紫千红。

大气层中的臭氧

可是,靠近地表的大气对流层中也有臭氧,这些臭氧却是"坏"臭氧。它不仅摇身一变,成为一种温室气体,吸收来自地面的长波光辐射加热大气,还会参与大气光化学反应,影响和改变其他温室气体的含量与分布,打破平衡。

尤其是具有高浓度的地面臭氧极易引发城市光化学烟雾,影响人类健康,严重危害生态环境。

如果我们置身于臭氧浓度超限的环境中,就会出现疲乏、咳嗽、胸闷胸痛、皮肤起皱、恶心头痛、脉搏加速、记忆力衰退、视力下降等不适症状。

先来说一说危害环境的问题吧：

当你和爸爸妈妈在城市公园里散步嬉戏时，除了映入眼帘的郁郁葱葱、外形秀美的林木花卉之外，不知你有没有注意到，路边的植物叶片与之前有些不一样了。凑近仔细观察一下，你会发现，这些植物的叶片上出现了一些黄色或褐色的斑点。

被臭氧伤害的叶片

这是什么原因造成的呢？

这就是臭氧对植物叶片的伤害作用，慢慢地使得植物叶片变得枯黄、坏死，进而破坏植物环境，或造成农作物的减产。

在植物的茎叶上有很多的小洞洞，被称为气孔。这些气孔是植物在进行呼吸、蒸腾等代谢活动时，空气和水蒸气进入植物体内的通道，并通过气孔的闭合调节摄入量，帮助各种植物不断生长。这才有了我们眼睛看到的花草树木，有了我们每天所吃的各类粮食。

由此可见，气孔是植物的重要器官。同样，那些"坏"臭氧也会通过这些气孔侵入植物体内，既伤害了叶片的美观外表，更破坏了植物的正常生长。

根据研究统计,因臭氧污染导致全球农作物产量损失每年可达1700亿元以上。关于臭氧污染对地面植物和农作物的伤害以及对粮食供应的不利影响,是全世界科学家一直在努力探索的课题。

　　"臭氧正在对我们的粮食安全构成威胁,这是一个全球性的环境问题,更关系到全人类的福祉。解决这个问题,需要各国科学家一道,在更广泛的区域开展协同攻关。"南京信息工程大学冯兆忠教授这样说道。

　　在扬州市江都区南京信息工程大学的野外实验与示范基地里,大气环境生态效应团队中的几位"大牛"教授正带领着青年教师和学生"摘果收菜"。因为臭氧的浓度跟太阳光的强弱有关,他们在太阳还没有升起的时候,就"出工"了,头戴草帽、脚蹬胶鞋,一直忙碌到夜色降临才"收工"……

　　到了晚上九点,当人们走过学校科研大楼的时候,透过办公室的大玻璃窗,仍能看到一个个在分析仪器前忙碌的身影,他们正是大气环境生态效应团队的成员们……

就这样，从人人"下地种田"，到集中"雁群火力"协同攻关，冯兆忠教授率领着科研团队，始终奋战在中国生态环境研究前沿，耕耘在解决实际问题的科研沃土上，真正"将论文写在了中国的大地上"。他带出的这一个世界"顶流"团队，通过在江都建立的这个全球最先进的大田实验平台，历经小麦的播种、水稻的移栽，以及作物的最后收获，借助高科技研究手段，探寻臭氧污染对我国主要

农作物产量和品质的影响，利用自己的科研成果为大气污染防治和保障粮食安全服务，成绩令人瞩目。

冯教授本人不但入选了第1版中国植物科学与农学顶尖科学家榜单，他发表的研究成果数量更是位居全球第二位。

科学家研究发现，一些气象条件与臭氧污染的产生关系密切，其中有助于严重臭氧污染形成的气象条件，主要包括高温、强辐射（少云）、低湿和少风。

其实并不完全是。因为夏季还经常下雨啊，下雨时太阳的照射也就不那么强烈了，臭氧的产生和危害也就少了许多。

这样看来，在气温更高但降水较多的7月到8月，臭氧污染情况会比5月到6月还要轻一些。而5月到6月，正是我国小麦生长成熟和产量形成的关键时期。所以，相对于在7月以后才进入成熟期的农作物，像水稻和玉米，臭氧污染对小麦产量的影响会大一些。

小贴士

目前，全球大气环境臭氧浓度已超过18世纪中叶的两倍多，全世界近四分之一的国家夏季臭氧浓度高于60ppb（一种环境学的常用浓度单位，表示十亿分之一），并且未来几十年内仍会持续上升，尤其是在人类活动高度发达与密集的地区。

前面提到了，浓度超限的臭氧环境会影响我们的身体健康，比如：会刺激我们的呼吸道，造成咽喉肿痛、胸闷、咳嗽，引发支气管炎和肺气肿；还会造成神经中毒，让我们头晕头痛、视力下降、记忆力衰退；甚至破坏我们的免疫机能，诱发淋巴细胞染色体病变，加速身体衰老。

臭氧对人体的危害

高浓度的臭氧闻起来会有一股鱼腥味，很呛鼻子。所以，当我们闻到这种难闻的味道时，就要尽量避开。在室外臭氧浓度较高的情况下，大家更要减少外出活动。同时，同学们还要加强日常的体育锻炼，提高身体素质，增强免疫能力。

看来，这些"坏"臭氧的确不让人喜欢，不但影响我们每日所需的粮食和蔬菜水果的供应保障，还会伤害我们的身体。

这些"坏"臭氧主要集中在我们生活的地球表面，尽管它们只是臭氧大军中十分之一的"一小撮"，但它们的杀伤力和危害却是非常巨大的。

所以，为了我们人类的永续发展和地球的美好明天，同学们应该努力学习，掌握更多的科学知识和技术，长大以后既要维持好大气平流层中的臭氧水平，又要为控制并治理地表空气中的臭氧污染贡献力量。

为什么
土壤里会种出
有毒的大米?

香喷喷的米饭、绿油油的蔬菜、甜滋滋的水果，这些是我们每天都爱吃的食物。爸爸妈妈都说，食物里面营养丰富，应该多吃。可是，当同学们享受美食的时候，可曾想过这些食物里面的营养物质是从哪里来的呢？

农谚说得好：万物土中生，有土斯有粮。

没错，我们吃的东西大部分最终都是来自土壤。

有的同学可能会问了，我们平时吃的鸡鸭鱼肉看起来好像和土壤没有关系吧？但是，它们的饲料全都源自土壤。

庄稼在土壤里生根发芽，长出茎秆、枝叶和果实，为我们源源不断地提供食物，支持着人类生生不息的繁衍。

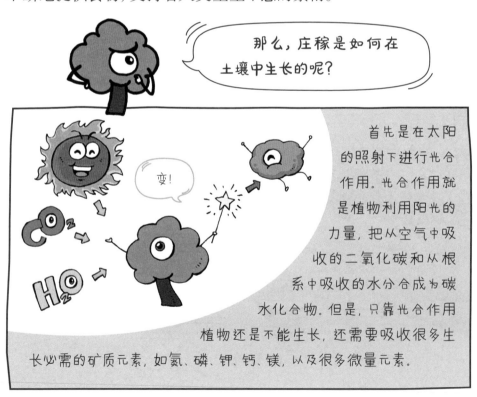

那么，庄稼是如何在土壤中生长的呢？

首先是在太阳的照射下进行光合作用。光合作用就是植物利用阳光的力量，把从空气中吸收的二氧化碳和从根系中吸收的水分合成为碳水化合物。但是，只靠光合作用植物还是不能生长，还需要吸收很多生长必需的矿质元素，如氮、磷、钾、钙、镁，以及很多微量元素。

变！

所以说，土壤不仅为植物生长提供了一个可以生存的空间，更重要的是为植物提供了生长必需的水分和养料。

植物吸收的矿质元素、储存的碳水化合物和其他合成的有机物（蛋白质和维生素等），不仅促进了植物自身的健康成长，也为我们人类提供了珍贵的营养素和能量。

但是，你知道吗？这"默默奉献"的土壤里有时也会种出有毒的大米，甚至会让我们生病，这是为什么呢？

事故发生后，切尔诺贝利核电站周围30公里被划为隔离区，7公里范围内的树木渐渐死亡，居民被疏散，庄稼被全部掩埋；10年内，100公里范围内被禁止生产牛奶；50年内，10公里范围内将不能耕作、放牧……这是因为事故带来的有害物质仍然弥散在地球上的这片土地中。不仅如此，由于放射性烟尘的扩散，整个欧洲也都被笼

罩在核污染的阴霾中。邻近国家也检测到超常的放射性尘埃,致使粮食、蔬菜、奶制品的生产都遭受到巨大的损失!

在这样的土壤里种出有毒大米是毫无疑问的。那么,放射性元素在土壤中存在并长期积累,它们会被植物吸收多少? 如何才能降低植物对放射性元素的吸收呢?

这也是一位年轻人感兴趣的话题,1995 年,这位年轻人还在英国帝国理工学院读书时,就立志解决这个难题。

小贴士

切尔诺贝利核电站事故发生在 1986 年 4 月 26 日,由于核电站反应堆发生爆炸起火,大量放射性物质外泄,造成严重的核污染。事故中有 31 人死亡,200 多人受到严重的放射性损伤被立即送往医院治疗,附近 13.5 万居民被紧急疏散,损失惨重。事故产生的放射性尘埃,波及范围很大,使得欧洲许多国家都受到了不同程度的污染。而且,事故造成的潜在和间接损失难以计算,成千上万名受害者遭受核辐射导致癌症,陆续死亡。

蚕豆苗

水培桶

因为自己最爱吃蚕豆,这位年轻人就把一株株蚕豆的幼苗栽在最大号的水培桶里,用几十升的去离子水来培植。

因为水培桶太大,换一次去离子水,需要用掉一整根大号的离子交换树脂柱子(就像一个大的净水器)。

成本还是有些偏高啊。

　　强烈的好奇心和兴趣，让年轻人乐此不疲，这些蚕豆可是他的"宝贝"呢。

　　实验结束，年轻人顺利推出了结果：钾可以缓解植物对放射性元素铯的吸收。

　　这个年轻人就是后来的中国科学院的朱永官院士，他风趣地把土壤比作是烹饪的"食材"，那么，自己就是料理土壤的"大厨师"。

　　朱永官学成毕业后，很快就在国外取得了令人瞩目的学术成绩和社会影响，但是，他却带着全家回国啦。因为在他心中，个人成长始终要融入国家的发展之中，永远怀有那份家国情怀，人生价值才能最大化实现。

　　在中国的土地上，他开始了新的探索和研究：到底是哪些土壤会种出有毒的大米？

终于抓到你这个凶手啦！

砷

　　经过多年的实地考察和认真研究，朱永官发现，在矿区和冶炼厂周边的农田里种出来的大米含有较高的砷元素，而砷元素可是公认的致癌物和有毒有害水污染物，长期吃含砷量超标的大米必然对人们的健康产生危害。

那么，怎样才能降低大米中有害元素砷的含量呢？

就像当年通过种植水培蚕豆，来研究如何阻止植物对放射性元素铯的吸收一样，朱永官带领着一支科研团队开展了更多的调查实验：他们从众多品种中筛选出对砷元素吸收程度不同的水稻植株，通过改良土壤的办法降低水稻对砷元素的吸收……其中一些研究成果，还获得了由发展中国家科学院颁发的农业科学奖呢。

目前，砷污染的问题在全球很多地区都有显现。比如在孟加拉国，人们用砷污染的地下水灌溉稻田，导致生产的稻米砷元素严重超标。又比如在美国，过去因为棉花在机械化收获前需要喷洒含砷的脱叶剂，致使棉花地砷污染严重，等到现在这些棉花地变成水稻田后，又导致了稻米的砷污染。

令朱永官最自豪的一点，就是自己作为一个土壤学家，能够考虑到全人类的大事！他的这些关于水稻砷污染的研究成果，不仅在中国有用，在全世界很多国家都有用。

大事从小事做起，今天的辛苦工作正是为了明天。

这不是，朱永官又转移了视线，开始研究起猪粪、鸡粪了。同学们一定会很奇怪，这些脏脏的、臭臭的粪便有什么好研究的？

天天玩便便吗？你就不能干点儿有意义的事情吗？

你不懂我……

其实朱永官发现，这些粪便也是土壤污染的一个重要来源，包括砷和抗生素，因为它们作为动物饲料的"作料"曾被广泛使用。

土壤吃什么，我们人类就吃什么。土壤被污染了，我们可怎么办？

朱永官又带领科研团队，经过反复的论证和实验，开发出了用"生物炭"治理被污染土壤的方法。

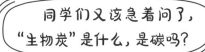

同学们又该急着问了，"生物炭"是什么，是碳吗？

也可以这么说，但这是在 600℃ 及以上的高温条件下，将猪粪或鸡粪碳化，使其中的典型抗生素和抗生素抗性基因完全分解，获得安全的生物炭；再将这种生物炭作为有机肥的组分使用，确保提供农作物生长的土壤安全。

普通便便

无害有机肥

小贴士

生物炭（Biochar）是一种作为土壤改良剂的碳材料。施用在土壤中的生物炭能帮助植物生长。生物炭非常稳定，有助于捕捉与清除大气中的温室气体，并将它们稳定、长期地储存在土壤中，而且可以增加20%的农业生产力，净化水质，减少化学肥料的使用。

重磅喜讯! 2022年8月3日,在英国格拉斯哥举行的颁奖仪式上,我们中国的土壤"大厨师"朱永官院士成为全球唯一的获奖者,接过了由国际土壤科学联合会颁发的李比希奖,这可是第一位获此殊荣的亚洲科学家啊。

小贴士

尤斯图斯·冯·李比希(1803—1873),19世纪德国杰出的科学家和教育家,率先提出植物矿质营养学说,奠定了现代农业化学的科学基础,有力推动了化肥工业的发展,被誉为"有机化学之父"和"肥料工业之父"。2006年,国际土壤科学联合会以这位科学家命名设立李比希奖。该奖项每四年评选一次,每次仅评出一位科学家获奖,旨在表彰科学家在土壤科学应用研究方面做出的杰出贡献,特别是在提高粮食安全、改善环境质量或保护土地和水资源开发等领域的新发现、新技术等。

"中国土壤科学工作者要始终立足中国大地,围绕挑战性的科学问题,以百倍的努力,坚持不懈,做出得到国际同行认可的科研成果。"朱永官院士在发表获奖感言时这样说道,这句话既代表了他朴素的心声,更彰显了中国当代科学家的治学精神。

同学们,你们愿意向朱永官院士学习,长大做超级厉害的土壤"大厨师"吗?那就赶快行动起来,努力学习,健康成长,长大以后利用自己的所学知识,除掉土壤中那些有害的"作料",守护你的亲人,让大家吃得饱、吃得安全、吃得健康。

如果有机会去异乡,在温暖的早晨漫步,你也许会发现,迎面吹来的风不一样了,路边的植物不一样了,再低头一看,哎呀!居然连脚下的土壤也都变了颜色。

为什么不同地方土壤的颜色会变得不一样呢?

答案就隐藏在天气中。

当然,土壤不像植物那样,随着四季有鲜明的变化。土壤的颜色可是来自数以百万年计的岩石风化、有机物腐殖质的沉积发育和水分含量的结果。在这个漫长的过程中,天气或者说气候,是一个非常重要的因素。

先来说说岩石风化的作用吧。

刚刚诞生的土壤,可以被看作是磨碎了的岩石。那么,是谁磨碎了这些岩石?是原始人类,还是地下的蚯蚓,或者是未知的外星人?

其实都不是。让大块的岩石变成小小的土壤颗粒的,是大自然的力量:是吹拂的风,是流动的水,是凝结的冰,是太阳的温度,是地壳的运动。

如果大家去爬山，就会发现山顶上往往都是巨大的石头。在大石头的周围，可能会看到一些较小的石块和一些更小的砾石或沙子，这些就是"幼年"的土壤。它们历经长时间风吹雨打侵蚀而成。

是的，在我们的认识中，世界上大部分的土壤颜色往往偏黄，而岩石的颜色却是五颜六色的。

黄色，是土壤颜色中最常见的一种。黄色土壤主要是由一点儿偏红的铁矿物、一些偏白的黏土矿物，再加一丁点儿偏黑的有机物混合而成的。它主要分布在我国中部的黄土高原上，包括陕西省、山西省、甘肃省、宁夏回族自治区和河南省西部地区。

而在我国的南方，土壤的颜色却是有些偏红。这是因为南方气候湿热多雨，丰沛的雨水会逐渐冲刷掉土壤里面易溶于水的黏土矿物；再加上高温天气，会促使土壤有机质转变成空气里的二氧化碳。唯独土壤中蕴含的氧化铁等显色矿物，不容易流失和发生变化。

有机质

氧化铁

黏土矿物

它们都走了，就剩我留守了。

在我们的日常生活中，经常会遇到铁器生锈的现象。细心的同学如果这时观察铁器表面的话，就会发现一些红色粉末状的铁锈。其实这就是铁的氧化物，不溶于水，通常是红色的。也正是因为氧化铁的显色特性，所以造成我国南方的土壤很多也是红色的。

我国东北的黑土地是极为肥沃的土壤。这肥沃就来自它的黑色。那么，究竟是什么东西把土地染黑了呢？答案就是：土壤中丰富的有机质。

小贴士

人体的血液之所以是红色的，简单来讲，就是因为人体血液中含有红细胞，红细胞内含有血红蛋白，血红蛋白由珠蛋白和血红素组成，血红素含铁，又称亚铁血红素，所以导致红细胞是红色的，进而使得人体血液呈现为红色。

这些土壤中的有机质主要来自夏天蓬勃生长的植物。到了冬天，植物枯萎，并在微生物和真菌的帮助下，缓慢变成了肥沃的腐殖质。

腐殖质是土壤有机物的主要组成部分，通常占到其50%～65%，是有机物经微生物分解转化形成的胶体物质，一般为黑色或暗棕色，主要由碳、氢、氧、氮、硫、磷等营养元素组成。腐殖质还具有适度的黏结性，是一种良好的胶结剂。

腐殖质

腐殖质可分为胡敏素、胡敏酸和富里酸，后二者合称为腐殖酸。这种松软的腐殖酸如同一块海绵，既给植物根系提供了生长的空间，又可以留住土壤中的养分。

正如清代诗人龚自珍的诗句所言："落红不是无情物，化作春泥更护花。"腐殖质成就了中国"北大仓"的黑色沃土。

在中国古代以五色土建成的社稷坛中，除了中央黄土、东北黑土和南方红土，还有东南的青色水稻土和西北的白色盐碱土。

那团黑色的是巧克力吗？

陛下请严肃点儿，这是祭祀场所。

我国东南地区历来便是鱼米之乡，水网纵横，降雨充足，十分适合发展淡水渔业和水稻种植。淹没在水下的土壤呈青色，这也正是土壤中的铁氧化物在没有氧气时显现的颜色。

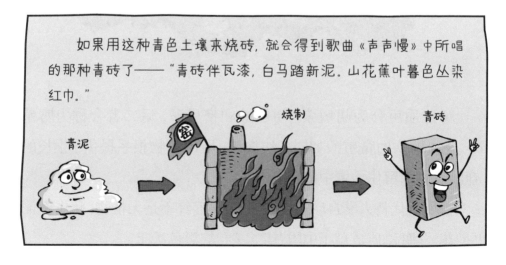

如果用这种青色土壤来烧砖，就会得到歌曲《声声慢》中所唱的那种青砖了——"青砖伴瓦漆，白马踏新泥。山花蕉叶暮色丛染红巾。"

青泥　　　　　烧制　　　　　青砖

在我国西北干旱地区，由于地下水或者灌溉水中的盐分不容易流走，等到夏季水分蒸发剧烈的时候，就会聚集在土壤表层，形成一层白色盐碱。在沿海地区，也可能因为海水的侵入，形成滨海的盐碱地。

和能攥出"油"来的黑土地相比，这种白色的盐碱土可就没那么讨人喜欢了。其中白色的盐碱就是可溶解在土壤水分中的盐，对于农作物的"口感"来说，实在是太齁了！也就是说，过量的盐分对农作物没用不说，还妨碍了农作物喝水。

除了西北地区受到地质构造和人类活动的影响，我国东北的部分地区也分布着大面积的盐碱地。这些盐碱地本可成为肥沃的农田，但就因为土壤中盐碱含量重度超标，难以用来耕种发展农业。

这多么浪费啊！

2002年，中国科学院东北地理和农业生态研究所的梁正伟研究员带领他的团队，深入东北盐碱地分布最典型的吉林省白城市红岗子乡，建立了我国第一个碱地生态站——大安碱地生态试验站。

早在农业大学读书的时候，一次校外的实践活动，让梁正伟亲身体验到了盐碱地种粮的艰辛，也由此确定了他今后要走的路。"盐碱地上若能种好水稻，农民生活就能改善。"

红岗子乡拥有1500亩试验场，是中重度苏打盐碱地典型代表区域。为了让更多的盐碱地恢复到原始的自然生态，梁正伟和团队伙伴们一头扎进生态站的试验田里，一干就是近十年，终于总结出"以草治碱"和"以稻治碱"这两条行之有效的治理方案。

日复一日，精耕细作；年复一年，不断探索。渐渐地，改造的盐碱地变成了良田，需要恢复的草地再现绿色生机。在他们的艰辛努力下，盐碱地的牧草产量从每公顷不到半吨提高到2吨以上；在灌溉条件好的区域，可以种植水稻，亩产也从不到百公斤提高到300～400公斤。

盐碱地上的工作条件十分艰苦，但是作为学术带头人，梁正伟从来都坚持亲力亲为。"课题不是拍脑袋想出来的，而是从地里冒出来的。"这是他最真实的工作感悟，也是最接地气的课题研究，更是最具真正价值的农业科研方向。梁正伟和他的团队扎根实际，追求实效，终于让一个又一个科学研究开花结果：他们研发的治理盐碱地的相关技术获得国家科学技术进步二等奖；大安碱地生态试验站被科技部正式批准为国家野外科学观测研究站。梁正伟荣获了全国"五一劳动奖章"，还被评为全国优秀科技工作者。

我来救你了！

救救我！

"盐碱化是土壤的'癌症'，重度苏打盐碱地又是目前最难治理的。这可能需要几代人专注的研究。"梁正伟这样说过。

土壤不寻常的颜色有时确实会给人们带来问题，但是，只要开动脑筋勇于钻研，白色的盐碱地也能变成青色的水稻良田！同学们，希望未来奇迹同样能够诞生在你们的手中！

尿也能变成
自来水吗?

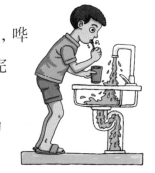

每天清晨，我们刷牙、洗脸，打开水龙头，哗啦啦，自来水就从水管里流出来；刷完牙、洗完脸，哗啦啦，脏水就顺着下水道流走了；还有，我们每次上完厕所，按动或是拉拽抽水马桶的开关，水又哗啦啦地冲走了。

除了这些，还有洗菜洗水果、洗手洗衣服、浇花养金鱼……总之，我们的生活离不开干净的水。那么你知道吗，我们每天使用的自来水是从哪里来的？

就让我们钻进水龙头，沿着自来水管道一路逆行，一起去探寻自来水的来龙去脉吧。

原来啊，从水龙头里流出来的"自来水"，是由自来水厂生产的。自来水厂可是个庞大的净水神器，它将来自江河、湖泊、水库或地下的天然水吸入工厂后，经过沉淀、过滤、消毒等多重工艺流程，让天然水变成符合国家标准、可供人们生活和生产使用的干净用水，再通过供水管道输送到千家万户。

同学们也许会问，干吗那么麻烦，为什么不直接饮用江河湖泊的水呢?

早在宋代，大文学家苏轼便首次设计了"自来水"工程。听说受海潮影响，广州的江水苦咸，严重影响老百姓的生活饮用，不但危害大家的身体健康，城中还时常发生瘟疫。于是，他提议用竹管接续的办法将山泉水引入广州城内，让广州百姓在900多年前就喝上了甘甜的"自来水"。

科学研究发现：全球80%的疾病与不健康的饮用水有关。江河湖泊的天然水中含有泥沙，以及对人体有害的化学物质和细菌病毒。

于是，人们建立了自来水厂，采用沉淀、过滤、消毒等方法去除有害物质，将不健康的天然水变成了我们可以放心使用的自来水。

现在，我们已经知道自来水是怎么来的了。那么，你知道用完排掉的水和我们排泄的尿又到哪里去了吗?

我们每天刷牙、洗脸、洗衣服用过的脏水，通常会排入污水管道。

而冲厕所的水因为含有粪便和尿液等，是不允许直接排入污水管道的，一般会先顺着下水道进入埋在地下的化粪池中。经历一段时间的沉

普通脏水

化粪池

冲厕所的水　　污水管道

淀、发酵后，上层的污水相对变清，再通过化粪池溢流孔进入污水管道，跟其他污水一起被运送到污水处理厂。

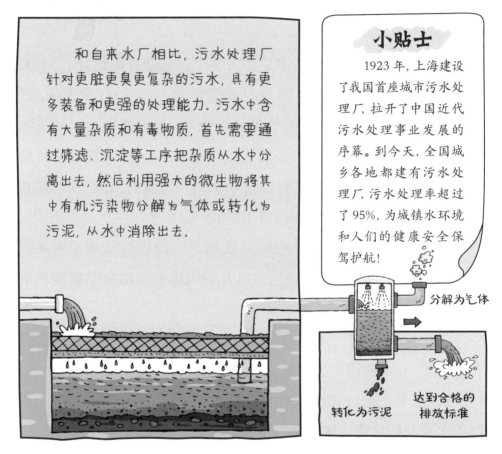

和自来水厂相比，污水处理厂针对更脏更臭更复杂的污水，具有更多装备和更强的处理能力。污水中含有大量杂质和有毒物质，首先需要通过筛滤、沉淀等工序把杂质从水中分离出去，然后利用强大的微生物将其中有机污染物分解为气体或转化为污泥，从水中消除出去。

小贴士

1923 年，上海建设了我国首座城市污水处理厂，拉开了中国近代污水处理事业发展的序幕。到今天，全国城乡各地都建有污水处理厂，污水处理率超过了 95%，为城镇水环境和人们的健康安全保驾护航！

分解为气体

转化为污泥

达到合格的排放标准

就这样，污水通过复杂的净化和消毒过程，在达到合格的排放标准之后，才会被污水处理厂重新排放到江河湖泊之中去。

听到这里，同学们也许会担心了：既然自来水来自大自然，冲马桶的水处理后重新进入大自然，那么是不是意味着……我们平时喝的自来水中也会含有冲马桶的水呢？还有……我们排出的尿也会变成自来水吗？

不必惊讶,答案是肯定的。在自然界,一切的物质都会被重新利用。其实人体尿液中超过95%的成分都是水,其中又脏又臭的只是随着尿液排出的人体代谢物,包括各种盐、尿酸和尿素等。只要我们能够把这些又脏又臭的东西去除掉,尿液就可以变成干净的水了。至于如何去除这些又脏又臭的代谢物,我国的科学家们可是绞尽了脑汁、下尽了功夫。

同学们可能就更加不解了:中国有那么多的大江大河大湖,为什么还要花大功夫把这么点儿尿液也变成干净的水呢?

大家应该都知道,地球上的水资源是有限的。所以,为了人类的长远生存和发展,就要求我们,一方面加强对水资源的管理,节约用水;另一方面合理开发水资源,避免水资源破坏;再有一点,就是做好水资源的循环利用。尿液和污水可以通过净化处理后回归大自然,大自然中的水又能被水厂净化加工成自来水,形成可持续的水循环。

还有,大家有没有想过,太空里可没有大江大河,飞船上也不可能带太多的生活用水,我们的航天员叔叔阿姨该怎么办呢?

没错,相信聪明的你已经想到了,就是借助刚刚提到的尿液处理回用技术!

那么,科学家是如何在空间站里将尿液等污水变成干净水的呢?

2021年4月29日，在我国航天科学家们的共同努力下，中国空间站核心舱"天和"号成功被送入太空。听到发射中心指挥大厅发来的成功确认指令后，神州再一次沸腾了！可是，中国航天科工二院206所空间站环控生保团队成员们的心却依旧悬着：因为要想让航天员长期驻留空间站，就必须解决"生命之源"——水的问题。否则，中国人自己的太空实验室建设将无从谈起。

小贴士

根据测算，在天宫空间站工作的航天员，每人每天大约需要消耗3公斤的生活用水。如果靠火箭运输，耗资非常巨大。对此，神舟十三号飞船航天员叶光富曾在"太空课堂"中透露，中国空间站的生活用水基本源于再生水，依靠我国科学家自主研发制造的超级净化系统，实现了水的循环使用。

中国航天科工二院206所科技委副总师李建冬，带领着一支年轻的科研团队，十年磨一剑，克服了外国超级势力的重重阻挠和技术封锁，迎难而上，自主研发创新，令尿处理系统等诸多关键技术难题被逐步攻克，更为我国的天宫空间站打造了一套专属的超级"净化器"。

在"天宫"卫生间里，排尿设备会将尿液抽走，然后通过过滤、反渗透等分离技术，去除掉尿酸等又脏又臭的代谢物质，消灭掉有害的微生物和细菌，使之达到我国航天员饮用水的卫生标准，还可以采用电解技术制造航天员呼吸需要的氧气。

此外，航天员呼吸和渗出的口水、汗液等水汽，也会被凝结成液态水，加上航天员淋浴后产生的洗澡水，都会得到收集和高科技净化。这样，航天员就可以放心大胆地饮用这些"污水"制成的"纯净水"了。

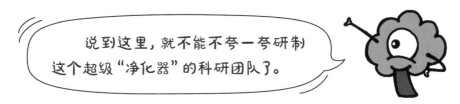

说它年轻，因为它是由一群平均年龄只有33岁的航天人组成的。历时10年，这群年轻的科技工作者实现了"从0到1"的突破，见证了尿处理子系统从原理样机到正式产品的艰难蜕变。每天工作10多个小时，困了睡行军床，饿了选择泡面，这几乎是常态。为保证试验连续运行,团队成员一致放弃了与亲人团圆的机会,除夕之夜仍坚守在岗位……

10年过去了,这些当年的年轻人身上已经很难看到曾经的青涩与稚嫩,留下的是中国航天人栉风沐雨后的坚韧、披荆斩棘的信念和迎难而上的勇气。他们奉献了十载的光阴,让梦想照进现实,让中国航天员长期驻留太空成为可能。

听完这些故事,你一定也想成为一名保护水资源的科技卫士吧?那大家就要从现在开始,认真学习科学文化知识,努力锻炼身体。期待同学们长大以后,能开发更为低碳、绿色和高效的水处理技术,共同呵护水资源,保护地球环境。

"阿嚏！阿嚏！"你是不是也有过感冒的经历，严重时还必须吃点儿感冒药才能缓解？那你有没有想过，我们吃进去的药最后去了哪里呢？

通常，药物进入人体后会经历一个十分复杂的过程。

一部分药物会进入我们的血液，然后随着血液流动到达生病的部位，发挥药效作用。而剩下的不能被人体吸收的药物，就会随着我们的尿液粪便排泄进入污水系统。

污水处理厂的任务是去除水中的污染物。在污水厂，人类的药物也是需要除去的污染物之一。但污水厂也不是万能的，以目前常规的净化技术并不能完全去除各类药物残留。

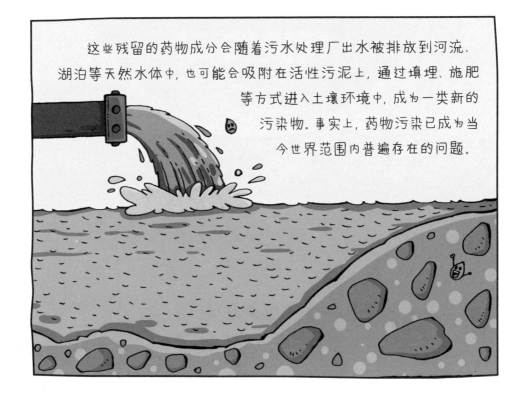

这些残留的药物成分会随着污水处理厂出水被排放到河流、湖泊等天然水体中，也可能会吸附在活性污泥上，通过填埋、施肥等方式进入土壤环境中，成为一类新的污染物。事实上，药物污染已成为当今世界范围内普遍存在的问题。

同学们可能会想，就算在河流中、土壤里检测到了这些药物成分，反正又药不死人，干吗这么紧张呢？

的确，大多数河流中的残留药物成分因为浓度不高，并不会对游泳的人构成直接威胁。但是，它们对于长期生活在这种环境中的水生生物来说，却可能导致很严重的危害。

比如，有科学研究发现，在澳大利亚维多利亚州的河道里，因为长期食用河水中的残留药物成分，令那里的螃蟹"性情大变"，见到捕食者竟然一点儿也不恐惧。

还有研究表明，水中的抗抑郁药物残留成分会让鱼类的应激反应变得迟钝，进而影响它们的觅食行为。而且，这种影响会延续三代。

抗生素应该是同学们最常听说的一类药物了，也许大家还听过青霉素的故事。

小贴士

20世纪40年代以前，人类一直未能掌握一种能高效治疗细菌性感染且副作用小的药物。1928年，英国细菌学家弗莱明发现了世界上第一种抗生素——青霉素。但由于当时技术不够先进，弗莱明并没有把青霉素单独分离出来，他的研究论文也一直没有受到科学界的重视。直到1941年，在德国生物化学家钱恩和英国牛津大学病理学家弗洛里的先后努力下，青霉素得以问世，并很快遍及全世界。1945年，弗莱明、弗洛里和钱恩共获诺贝尔生理学及医学奖。

青霉素在第二次世界大战中作为一线药用抗生素，拯救了成千上万人的生命，被称为"神药"。诞生初期更是由于产量不足，供不应求，导致销售价格曾经一度比黄金都贵！

自青霉素问世之后，人类开始广泛研制和使用抗生素，像是我们平常听到的"××霉素""头孢××""××西林""××沙星"……基本上都是抗生素。

有时候，当我们得了感冒，咳嗽不停的时候，爸爸妈妈就会让我们吃上一片"头孢××"或者"××西林"，症状似乎也都能得到好转……

但是，这种做法是不正确的！抗生素可不是真的"神药"，是不能随便乱吃的。

我们日常见到的这些抗生素通常都是杀菌药物。这里需要特别强调一下：杀菌，杀的是细菌。而感冒通常却是由病毒感染引起的。

细菌和病毒完全是两回事，是两种大小、基本构造和生长方式都完全不同的微生物。如果因为病毒感染却大量使用抗生素杀菌，完全不对症，自然无法起到治疗效果。

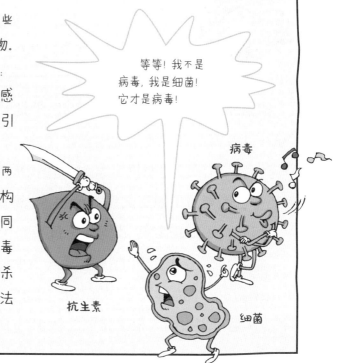

而且糟糕的是，当抗生素的剂量不足或者用药过短时，幸存的细菌会逐渐产生对抗生素的耐药性，像青霉素等开发较早的抗生素，正是因为耐药性的问题逐渐失效，不得不被其他药物取代了。

还有更棘手的呢，细菌的这种"抵抗机制"还可以在不同的菌群之间共享，并通过将抗生素耐药基因传递给其他细菌，从而使得耐药性广泛传播开来。

因此，错误使用甚至滥用抗生素，会产生对所有抗生素都具有耐药性的超级细菌。这样的话，将来哪怕是得了普通的疾病，在这些超级细菌面前也将无药可施。正所谓："今天不采取行动，明天就将无药可用。"

这好像有点儿危言耸听了，但事实上，可能还没有引起人们的足够重视。

据2022年1月出版的世界知名医学期刊《柳叶刀》报道，2019年全球有127万人直接死于抗生素耐药性，495万人的死亡也与抗生素耐药性感染有关，说明抗生素耐药性正成为全球主要的死亡原因，致死率已经超过了如艾滋病和疟疾等疫病。

但是，大家知道吗？我国却是抗生素生产和消费的大国。

根据世界卫生组织的一项调查表明，中国住院病人的抗生素使用率为80%，远远高于国际标准的30%。"得了感冒就得吃消炎药"，这是很多中国人根深蒂固的认识，而这里的消炎药却总被"窄化"成抗生素。

其实不光我们人类，对动物也不能滥用药物。在我国，大部分抗生素并不是人类吃掉的，而是掺入饲料中喂给动物吃，目的是促进动物生长，同时起到一定的防病治病作用。但是，这种做法却大大增加了兽用抗生素耐药基因的产生。而且更可怕的是，这些抗生素耐药基因还会随着粪便排出动物体外，渗入土壤，渗入河流，形成对环境的生物污染。

中国科学院的土壤学家朱永官院士，曾经风趣地把自己比作"料理土壤的大厨师"。这不但源于他喜爱美食、喜欢做菜，更出于一名土壤学家应有的责任和担当，他更关心怎么才能吃得健康，如何"料理"土壤才能种出健康的作物。

其实早在朱永官院士研究土壤中砷元素污染源的时候，就关注到了来自集约化养殖场动物粪便的有机肥料。

他发现，为了防止动物感染导致肠道疾病的病菌，同时让它们快速生长，养猪场和养鸡场通常会在饲料中添加铜、锌、砷和抗生素等。也正因为这个原因，动物粪便里便存在了"抗性基因"污染。

朱永官院士敏锐地意

吃了添加铜、锌、砷和抗生素的饲料

排出含有"抗性基因"的便便

识到，这不同于过去研究的化学污染，而是由于添加抗生素导致细菌耐药的生物污染。"抗性基因是遗传信息，可以自我复制，这可能是更加严重的环境污染问题。"

"只有健康的土壤，才有健康的人民！"为此，朱永官院士带领着科研团队在全国范围内选择了农田和森林两种土壤类型，收集了495个土壤动物样品，涵盖了主要的土壤动物类型，发现抗生素耐药基因能够通过土壤，经由微生物迁移进入人们日常生食的生菜、胡萝卜等蔬菜中，最终传递到人体中，威胁健康。

经过深入研究，他们还发现，蚯蚓可能是解决抗生素耐药性全球问题的一种自然、可持续的解决方案。

同时，我们每一个人都应该从自己做起，从小事做起，过期的药品一定要放到

朱永官科研团队还开发出了用"生物炭"治理土壤污染的新技术。也就是前面文章中提到过的，在600℃以上的温度条件下，将动物粪便碳化处理，使其中的抗生素耐药基因完全分解，获得安全的有机肥组成成分——生物炭。

有害垃圾里。若是随意作为生活垃圾丢弃，并随土填埋，就可能会对生态环境造成巨大危害。

也请同学们多多向身边的人宣传药品污染环境的严重性，善待生物，善待自然，善待生态系统，共同保护我们赖以生存的地球家园！

从小到大，同学们或多或少都生过病、发过烧。

人体的正常体温在37℃左右，如超过37.3℃，就是发烧，这是人体应对疾病的一种方式。

实际上，不只是我们人类，地球也会"发烧"。

在现实生活中，地球就正在"发烧"。全球地表温度和气温升高的现象正在普遍发生，成为当前世界气候变化的最主要特征，被称为全球变暖。

尤其是近100多年来，地球的"发烧症状"不断加重。以2021年为例，全球平均地表温度比121年前高出了1.01℃，平均气温则比41年前升高了0.85℃。就连常年覆盖着厚厚冰雪的北极和南极，也分别出现了38℃和18.3℃的新高温纪录。2022年，英国更是发布了该国有史以来第一个红色高温预警……

那么，地球为什么会"发烧"呢？

一个主要的原因就在于：我们生活和居住的地球，正在被盖上一个透明的被子。

1822年，法国科学家傅里叶发现，如果只考虑太阳直接照射对地球的加热作用，那么到了晚上没有阳光时，气温应该比实际观测到的数值低很多。因此他推断，地球的大气层可能是一种隔热层，具有一定的保温作用。用个通俗的比喻，大气层中的气体就像一层厚厚的透明被子。这被子就像玻璃一样，可以把地球变成一个类似培育鲜花的大温室。于是，人们将由此产生的大气效应，形象地称为"温室效应"。

原来是盖了层被子，难怪你发烧了。

小贴士

19世纪中叶，美国女科学家富特进一步发现，大气中的水蒸气和二氧化碳具有温室效应，改变其含量能引起气候变化。再后来，科学家们又逐渐发现，甲烷、氧化亚氮以及很多工业生产过程中排放的含氟气体也具有温室效应。

　　进入工业革命以后，人们在生产活动中使用了大量的煤、石油和天然气。在这些能源中，含有大量的碳元素，经过燃烧后，就会生成二氧化碳等温室气体排放到大气中，令大气中的温室气体浓度上升，促使全球变暖。科学家观测，当前大气中的二氧化碳浓度，已经达到了 1750 年工业革命前的 1.5 倍。

换句话说，大气中的温室气体越多，地球"捂"上的"被子"就越厚，就会让地球的表面温度越高。就这样，地球被"捂得发烧"了。

也许有同学会问，地球"发烧"会怎么样？

还能怎么样，大家不妨回想一下，我们自己发烧时，都感觉难受得要命。那么，地球"发起烧"来，难受的程度可就更大了！

首先，是让全球气候变得不稳定。

随着大气中温室气体浓度的不断增加，会造成全球变暖和气候变化，历史上少见的干旱、洪涝、热浪等自然灾害和极端天气出现得越来越频繁。

其次，是对全球环境带来巨大改变。

同学们都知道，天气变暖，冰雪就会融化。同样道理，地球表面温度的升高，会促使南极和北极的冰川、冰盖加快融化，使得全球海平面不断上升。而在其他地方，全球变暖让水分蒸发更快，造成土地荒漠化的问题日趋严重。

还有，是对全球生物的生存产生威胁。

小贴士

科学家预测：如果全球变暖持续加剧，地表温度继续升高，到2050年，南北极地冰山将大幅度融化，导致海平面上升，一些岛屿国家和沿海城市的部分区域将淹没在海水中，其中就包括纽约、上海、东京和悉尼。

在陆地上，全球变暖造成的极端天气和土地荒漠化问题，将导致生物栖息地和陆地植被与生物多样性的丧失。

在海洋中，对二氧化碳温室气体的吸收导致海水酸化，再加上气候变化导致海水分层，令氧气和养分传输受阻，这些因素共同抑制了海洋动植物的生长与发育，并进一步增大了从藻类到鱼类等海洋生物灭绝的风险。

更重要的是，全球变暖对于我们人类的生存和发展，有可能产生难以逆转的深刻影响。

地球表面温度升高引发海平面上升，不仅对各国沿海的农业、渔业和旅游业等经济产业产生冲击，还对一些岛屿国家和低洼沿海城市构成生存威胁。

气候变化造成的干旱、洪涝等自然灾害，为人类的生产和生活带来极大不便。

全球变暖更致使热浪天气频发，极端高温的天气大幅提高了人类应激疾病的发病风险。例如2022年，我国多地出现极端高温，持续时间和温度均不断突破纪录，"热射病"一词也更多地出现在我们的视线中。

总之，以全球变暖为主要特征的气候变化，正深刻影响着地球和人类。直面"发烧"的地球，迅速采取行动已经刻不容缓！

生了病就得治，而且还得赶快治！

当今世界，全球人口不断增长，经济还在迅速发展。如果面对地球的"发烧症状"，不能及时进行应对和治疗，后果将不可想象。

那么，如何才能对"发烧"的地球进行应对和治疗呢？

"减缓"和"适应"，目前被认为是人类治理全球气候变化风险的两条必由之路。

"减缓"是指通过节能减排以及植树造林、恢复植被等措施，大幅减少温室气体的排放，遏制气候变化的持续恶化。这就像我们发烧后，需要打针、吃药或者采用物理方法降温退烧一样。

"适应"则是指根据实际情况或者可预期的风险影响，采取相应的管理措施，来减轻气候变化风险所带来的潜在不良影响。这就像我们发烧后，要居家好好休息，争取尽快恢复，防止病情进一步恶化。

要定时定量服药和好好休息啊！

为了认识和解决地球"发烧"的问题，我国的科学家开展了大量的研究工作。

2011年，中国科学院正式启动了"应对气候变化的碳收支认证及相关问题"专项。专项的一个核心内容，就是通过对中国各类生态系统的碳储量和固碳能力进行调查，深入揭示中国陆地生态系统碳收支特征、时空分布规律以及国家政策的固碳效应，从而为我国经济转型发展、气候谈判提供科学支撑。

在中科院植物所方精云院士和地理所于贵瑞研究员的带领下，来自中科院和高校、部委所属35个研究院所的350多名科研人员，历时整整5年，翻山越岭，风餐露宿，对我国的森林、灌丛、草地、农田、湿地等生态系统的碳储量及分布开展了全面调查，取样受调查地块1.7万多个，累计采集各类植物和土壤样品超过60万份。

"生态学是一门实践性很强的学科，需要通过艰辛的野外调查，来获取第一手的数据和资料。"团队首席科学家亲自组织，严格控制数据质量，更令国际同行发出了"取样数量如此之多，取样方法如此规范"的惊叹。这也是当今世界调查范围最大的一次野外调查项目。

　　紧接着，在方精云院士的组织和推动下，科研人员创新科研组织模式、打破课题间壁垒、实现数据完全共享，在凝练出若干个重大科学问题的基础上，对所有数据统一整理、控制、挖掘和分析，最终将系列成果以专辑的形式发表在《美国科学院院刊》上。这是我国科学家（也是发展中国家科学家和亚洲科学家）第一次在国际著名学术期刊上以专辑形式，系统、集中地发表研究成果，彰显了中国科学家在碳循环、全球气候变化、生态学等多个学科领域的国际领跑地位。

　　"做科研，只是要解决实际问题，其他都不重要。"成果面前，方精云院士却是如此地谦逊。同样，在这项"前无古人"的调研项目中，很多科研人员的名字并没有出现在论文署名中，却全都无私地贡献出了自己的研究数据，服务于国家大局的需要。

　　"生态学家要成为大自然的医生。"这是方精云院士的期许。同学们，你们有信心将来加入科学家的团队吗？让我们共同为地球的健康出份力吧！

我们是大自然的医生！

说到垃圾，同学们首先会想到什么呢：用过的废纸、变质的剩菜、玩坏扔掉的玩具，还是臭烘烘的垃圾桶？

垃圾究竟是什么？难道只是些永远存放在垃圾桶或者垃圾场的家伙吗？

根据《现代汉语词典》的名词解释，"垃圾"是指脏土或废弃物，也就是失去了使用价值、无法使用的废弃物品。

但是，垃圾可并不都是没用的"废物"，其中很多都是放错了地方的"宝贝"，这些生活中的垃圾是可以变废为宝的。甚至可以毫不夸张地说，地球上90%的废弃物都可以通过科学分类，成为可循环利用的资源。

同学们，你们能够想象得到吗：

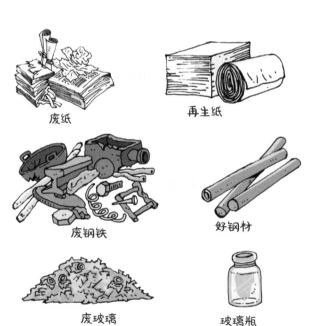

废纸

再生纸

废钢铁

好钢材

废玻璃

玻璃瓶

1吨废纸可以制造出850公斤再生纸，如果用大树来造这些纸，那需要17棵成材大树；

1吨废钢铁可重新熔炼出900公斤好钢材；

1吨废玻璃能造出2万个500毫升容量的玻璃瓶；

甚至生活中离不开

的无铅汽油和柴油，也可以从废塑料里回炼；亮闪闪的黄金，也可以从用过的电脑和手机线路板里提炼出来。

由此可见，在对废旧物品进行有效的回收和加工之后，每一张废纸、每一个废塑料瓶、每一部废手机都能贡献新的价值，有着许多意想不到的新用途。

可是，我们平时见到的垃圾大多又脏又臭，它们怎样才能变成"宝贝"呢？

垃圾变废为宝的一个奇招儿是"垃圾分类"，顾名思义，就是将垃圾按照一定属性进行分离，以待后续加工和处置。

根据目前实施的有关生活垃圾管理条例的规定，人们日常生活中产生的垃圾一般分为可回收物、厨余垃圾、有害垃圾和其他垃圾。

可回收物主要包括废纸、塑料、玻璃、金属和布料五大类。

厨余垃圾包括剩菜剩饭、骨头、菜根菜叶、果皮等食品类废物。

其他垃圾包括砖瓦陶瓷、渣土、卫生间废纸、纸巾等难以回收的废弃物及尘土和食品袋（盒）等。

有害垃圾包括含有对人体健康有害的重金属、有毒物质或者对环境造成现实危害以及潜在危害的废弃物，如铅蓄电池、荧光灯管、灯泡、水银温度计、油漆桶、部分家用电器、过期药品及容器、过期化妆品等。特别提醒一下：有害垃圾需要单独回收和专门处理。

为了研究我国城镇生活垃圾产生的规律，建立科学的垃圾分类标准，华中科技大学的陈海滨教授30多年深入社会基层开展科学研究和技术服务，足迹遍及全国各大城镇，甚至是抗震救灾等应急现场，最终创新性地提出了"2+n"生活垃圾分类收运处理新模式。

2016年，我国制订并发布了《垃圾强制分类制度方案》的征求意见稿，预示着垃圾分类将要进入"强制"时代。

2019年7月，《上海生活垃圾管理条例》落地实施，明确规定了生活垃圾的分类标准，并对违反垃圾分类规定的个人进行相应的罚款，正式标志着我国的垃圾分类工作已进入"强制"阶段，垃圾分类由原先的"选择题"变成了一道"必答题"。

几年来，我国的垃圾分类工作初显成效，重点城市居民小区覆盖率达到86.6%，基本建成了生活垃圾分类投放、分类收集、分类运输和分类处理系统。

同学们，垃圾分类的重要性大家一定都清楚了吧，那么，这些分好类的垃圾又该怎么处理呢？

通常，生活垃圾经过分类回收之后，主要会采用以下四种方法进行处理：垃圾再生法、垃圾堆肥法、垃圾生物降解法和垃圾焚烧发电法。

小贴士

"2+n"生活垃圾分类收运处理模式中，"2"主要指源头采用干湿二分类，或者可否回收二分类，根据产生源特性进行合理选择；"+n"则是根据产生源的外部环境条件，可以在源头细分或者在收集站/转运站等收运节点进一步细分。

具体来说，针对可回收物的处理，通常会采用垃圾再生法。像可回收物中的书报废纸、塑料、玻璃和废旧金属等，都会被送去各自的再生工厂，经过处理加工后，变成新的产品。

针对厨余垃圾的处理，则通常会采用垃圾堆肥法和垃圾生物降解法。因为这类垃圾也被称为"湿垃圾"，是富含有机质的"有机垃圾"。可以依据传统的农业积肥原理，利用有机垃圾和土壤中的微生物将垃圾转化为有机肥料，改良土壤。也可以运用具有多功能高降解能力的多种菌群，加快对垃圾中有机物的分解，使其变废为宝、物尽其用。

来吧，我都能解决！

垃圾堆肥法

生物降解法

变废为宝

重塑自我再创辉煌

针对其他垃圾的处理，大多会采用垃圾焚烧发电法。这也是目前世界各国普遍采用的方法，既能彻底消毒除害，又能使垃圾变成新的能源。

针对有害垃圾的处理，必须特别慎重，除了采用常规意义上的填埋和焚烧方法外，还要对其中一些特殊的有害垃圾，采取特殊的处置程序，使其成功分解，避免对环境造成更大的污染影响。

有些同学可能会说："处理个垃圾，干吗弄得这么复杂，一把火烧了不就完了？"

这种说法肯定是不正确的。因为各类垃圾有着不同的特性，绝对不能无差别地简单处理对待。对此，人类可是吃过苦头的。例如将厨余垃圾直接喂给牲畜，曾导致过疯牛病的暴发；将其他垃圾简单填埋，占用土地资源不说，还造成了对土壤和地下水的污染；而且，焚烧垃圾的一个坏处，就是会对大气环境造成很大的破坏……

为了有效地处理垃圾，让它们变废为宝、物尽其用，我国的环境科学家们可是"八仙过海、各显神通"，依靠他们的科学头脑和钻研精神，打造出了一个个制胜"法宝"：

中国工程院的刘人怀院士，亲自带领一支由环境、生物、工程、管理等30多个学科专业人员组成的研究团队，通过生物发酵的方式进行实验，找到了"噬污酵母"，催生出"联合生物加工工艺"新技术，可以把餐厨垃圾淀粉里的糖类快速转化成酒精；也可以把油脂分离后转化制成洗涤用品、生物柴油等；还可以将带有污染隐患的动物蛋白转化为安全优质的菌体蛋白。

2019年，刘人怀研究团队开发的全球首条餐厨垃圾处理示范生产线正式运转，只要经过24小时发酵处理，1吨餐厨垃圾可以产出25公斤燃料乙醇、70公斤工业毛油、25公斤高蛋白饲料添加剂……实现600元以上的经济价值。

年近八旬的中国工程院岑可法院士，带领着浙江大学热能工程研究所的科研团队，成功自主研发了"生活垃圾循环流化床清洁焚烧发电集成技术"，成为"废弃物能源化处置"世界五大主流技术之一，令很多西方国家都刮目相看！

针对废弃锂电池的再生利用问题，清华大学的成会明院士团队采用原位热辐射技术，将废弃的电极材料变身为高性能的催化剂，转化为另一种新型柔性锌空气电池的重要原料。

同学们，你们现在知道了生活中的垃圾都是如何分类的吧？大家应该像环保领域的科学家和工程师们那样，正确对待垃圾，将垃圾视作"宝贝"，做好垃圾分类，保护地球，减少环境污染和对地球母亲的伤害。

而且，你们是不是更想拥有神奇的"法宝"，能够"点废成金"，将身边的垃圾变为"宝贝"呢？那就要努力学习科学知识，学习科学家们刻苦专研、敢为人先的科学探索精神，以他们为榜样，勇于思考、勇于创新，将来为我国的垃圾分类和高值化利用做出自己的贡献。

小贴士

2013年，我国建造了世界上最大的垃圾焚烧发电厂——上海老港再生能源利用中心，能够年处理生活垃圾300万吨，发电量在15万亿度。这可是突破了垃圾发电厂的单项世界纪录，是我国垃圾焚烧发电工作举世瞩目的成就之一！

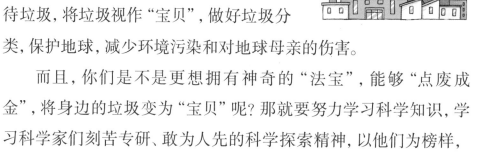

水是生命之源。

如果把地球比作一个人的话，那么，大海就像地球的心脏，河道就像地球的血管，而河水就像地球的血液。

辛苦了，海洋兄弟！多亏有你忙活。

人类世世代代生活在各大水系的怀抱。

那么，河水是如何滋养着我们现代人类的呢?

河水引到自来水厂，被净化处理成干净的水，供给人们畅饮、做饭、洗衣服、刷牙、洗脸和冲澡等生活所用。

河水引入农田和鱼塘，保障庄稼、果树、蔬菜和鱼儿苗壮成长，给人们餐桌上带来丰富营养的美食。

河水拦蓄流过水力发电厂，产生电能，使得电灯能够照亮黑夜、冰箱能够保鲜美食、空调能够调节冷暖、电视能够播放画面……

简单说来，人类的衣、食、住、行、用和玩，样样都离不开河流慈母般的呵护。

然而，我们曾经的无知行为，却"惹怒"了母亲河。

时钟拨回到1858年6月，酷暑蒸晒着伦敦居民排放到泰晤士河中的生活污水，散发出股股恶臭笼罩着整个城市。这股恶臭不仅难闻，而且有害健康。不论是穷人还是富人，甚至包括维多利亚女王，没人能够摆脱它的魔爪。当时在伦敦流行的霍乱肯定跟泰晤士河的污染脱不了干系。恶臭的空气加上疫病的肆虐，夺走了许多英国

人的生命。这就是历史上有名的"大恶臭事件"。

通常说来，当河水受到污染，而且污染程度超过它的自净能力时，就会引起厌氧反应，令水中的硫、氮及有机物还原产生硫化氢、有机硫化物和氨气等臭味物质，使得河水变黑变臭。

不光是生活污水，像人们在种田和养鱼时换下的脏水，以及工业生产排出的废水，直接注入河流都会使得河水变脏变臭。

流水不腐，户枢不蠹！这前一句的"流水不腐"，说的就是流动的水不会发臭，因为流动的水富含氧气，可以抑制厌氧反应产生恶臭气体。反之，如果拦河筑坝，使得河水流速减缓甚至停止，就会加剧河水变臭。

目前，地球上长度大于1000公里的河流，仅有不到1/4的数量处于自由流动的状态。

可见，令河水变臭的原因正是来自各种各样的人类活动。

解铃还须系铃人！防止河水变臭，保护地球水资源，是我们人类的共同责任。

让河水保持健康的一个秘诀，就是要做到：河有流水，水能长草，草能养鱼。

在我国，有一位出生在吴越，工作在荆楚，一辈子和鱼儿做朋友、跟河湖打交道的科学家。他一生扎根在祖国的鱼米之乡，专注于我国鱼类和淡水生物资源的研究，用70多年的科研经历，书写着关心鱼儿生长、呵护河湖健康的感人故事。

他就是中国科学院院士、我国鱼类实验生物学主要开创者和淡水生态学奠基人刘建康先生。百年人生，碧水丹心。根据国家需要和百姓需求的时代变化，不断调整拓展自己的研究方向，这正是他科学人生的真实写照。

早在1944年，年仅27岁的刘建康便成为在世界上第一个发现这一奇特现象的人，并把这一发现写进了自己的论文《鳝鱼的始原雌雄同体现象》中。英国《自然》杂志对此发表评述说："这一发现，打开了一扇新颖的低等脊椎动物性别决定机制研究领域之门。"

抗日战争取得胜利后，刘建康前往加拿大麦基尔大学攻读博士学位。1949年，他返回祖国时，行李中没有时尚家用电器，只有成捆的鱼类学资料和一台打字机。

中华人民共和国刚刚成立，国家急需科学家帮助解决人民群众吃鱼难的问题。刘建康马上调整自己的鱼类学研究方向，从实验生物学转向繁殖生物学和水产养殖学。他和助手一起蹲守在产卵场，研发新技术对草鱼和鲢鱼进行人工授精与孵化，为中国"四大家鱼"的人工繁殖事业打下基础；同时，他还联合相关部门，开展渔业增产试验，大力推动池塘

养殖和大水面养殖。功夫不负科技人，他的研究成果很快丰富了当时人民群众的餐桌。

1950年10月，抗美援朝战争爆发后，为了支援国家，支援前线的志愿军战士，刘建康将自己和老师合作出版图书的稿费全部拿出来，一分不留地捐给了国家。

20世纪50年代，我国的河湖环境受到人类活动的干扰和影响尚不明显。但那时，刘建康就已经意识到河湖作为鱼儿生存场所的重要性。

为此，他带领科研团队对长江上、中、下游鱼类生态开展调查，通过历时两年多的采集、观察和记录，总结出一套系统的鱼类生态学资料，填补了我国淡水鱼类生态学的空白。而且，这是中华人民共和国成立以来，有关我国淡水生态最系统、最完整的一次集体研究工作，其中未雨绸缪所取得的调查研究数据，更成为后来长江拦江筑坝和实施水电开发决策的重要科学依据。

到了20世纪80年代，我国河湖环境受人类活动的干扰不断加剧，部分水域水质出现恶化的迹象。这一时期，刘建康院士的科研方向再次发生了转变，从科学养鱼转向了科学护水。

刘建康院士首创的淡水生态学研究方法，成为中国科学院水生生物研究所的主要科研方向。由他亲自创建的"东湖湖泊生态系统试验站"，是中国淡水生态系统研究最早、最系统的试验站，也是中国科学院生态系统研究网络的重点试验站。东湖也由此成为世界湖沼学家所熟悉的中国湖泊之一，试验站在这里取得的科研成果，更确立了我国湖泊研究在世界湖沼学界的重要地位。

1997年，刘建康院士获得何梁何利基金科学与技术进步奖。

但是，刘建康院士并没有因为这次获奖，以及自己已经80周岁的高龄，便停止科学探索的步伐。

这一年，他指导学生正式提出了"流域生态学"这一新兴学科的理论框架。做个比喻来说，地球的河水变臭，就如同人体的血液得病。血液得了病，不能只医血；同样，河水变臭，也不能只治水。解决水的问题，必须考虑全面，不能只在水中找办法。这一次，他们的研究方向和学术视野从水中延伸到岸上的汇水区。

小贴士

何梁何利基金是中国香港爱国金融实业家，本着爱祖国、爱科学、爱人才的高尚情操，胸怀"在中国的土地上，建立中国的奖励基金，奖励中国的杰出科技工作者"的崇高愿景，共同创建的香港社会公益基金。自1994年3月30日成立以来，坚持"公平、公正、公开"的评选原则，何梁何利基金共评选产生21届科学与技术进步奖得主1100人，国际影响与日俱增。

两年后，在湖北峡口美丽的香溪河畔，刘建康院士指导学生建立了三峡水库香溪河生态系统试验站（简称香溪河站）。

香溪河站紧密围绕国家实施的生态文明和"山水林田湖草"生命共同体建设战略，以香溪河流域为研究对象，系统开展流域层次的生态环境监测与研究，为三峡库区和神农架国家公园生态文明建设，以及"山水林田湖草"生命共同体综合研究与战略规划，提供了长期、连续、可靠的科学数据和决策支持。

如今，国家已经把"共抓大保护、不搞大开发"的基本要求，写进了《长江保护法》。香溪河站20多年的科学观测数据积累，更是为长江共抓大保护提前埋下了一件科学的"把脉重器"。

广阔的淡水生境也如同浩瀚的宇宙环境，有着许许多多的奥秘尚未揭开。而监测河流奥秘的野外生态台站，同样就像是科学家们观测宇宙的"天眼"。

同学们，你们是否梦想着，像刘院士一样，做一名给河水把脉治病的未来水医生呢？

清晨，门窗外传来叽叽喳喳的鸟叫声；夜晚，田野里响起吱吱嗡嗡的虫鸣声；高原草甸上，藏羚羊任意驰骋；长江湍流中，江豚纵情浮跃……

在广袤的地球上，除了我们人类和常见的动物外，还生活着种类繁多的野生动物，例如东北虎、美洲豹、藏野驴、金丝猴、雪豹、大熊猫、北极熊……它们生活在大草原上、雨林深处、雪山之巅、幽深洞穴……是人类"遥远"的好朋友。

数以亿计的生物在地球上繁衍生息，相互联系，密不可分。而且每个物种都是生物圈的一个组成部分，都有着独特的基因信息，为整个地球的生态系统平衡提供支撑，缺少任何一种都将打破这种平衡。

比如，草原上狼的灭绝会造成野兔的大量繁殖，而野兔的过多繁殖则会导致草地的沙漠化。

再比如，人类的乱砍滥伐，导致森林生态系统遭到破坏，野生动物由于食物量减少，于是开始集体到森林外觅食，造成人和动物之间的冲突。

同学们，你们知道吗，地球上生物种类最多是在什么时候？

正确的答案是：大约3万年前。

可是，从那以后，随着人类社会的发展，特别是工业革命的兴起，对全球生物，以及这些生物与环境之间的生态关系，造成了前所未有的破坏。

地球上原有森林面积7600万平方公里，到现在已经不足3400万平方公里，而且还在以每年大约15万平方公里的速度不断递减。其中，热带雨林每年消失多达1800平方公里。此外全球湿地生态系统面积也在持续锐减，功能严重退化。

近些年来，全球范围的非法盗猎活动，以及走私贩卖野生动物和产品的违法行为日益猖獗，野生动物的生存现状令人担忧。

小贴士

仅从1600年以来，就有83种哺乳动物及113种鸟类灭绝。而且，全世界目前仍有近800种野生动物濒临灭绝，备受关注的野生虎已由1900年的约10万头急剧下降到现在的不足3500头。

野生动物面临的生存危机，同样也是人类面临的生存危机。

1906年，位于美国亚利桑那州科罗拉多大峡谷北缘的卡巴森林，为保护鹿群，当地政府鼓励猎人捕杀肉食动物。结果却导致保护过度，鹿群大量繁殖，最后由于食物短缺，濒临灭绝。

20世纪50年代，我国也曾经因为成群结队的麻雀啄食粮食，便将其作为害虫大量进行捕杀。万没想到麻雀虽然吃粮食，但还是各种害虫的天敌。当麻雀被大规模消灭后，害虫失去了自然天敌的抑制而泛滥滋长，造成大量庄稼受损。

没有了麻雀的保护，咱们只能任由害虫祸害了……

人类捕杀、食用、消费野生动物，造成野生动物物种数量急剧减少甚至灭绝，进而使地球生态系统遭到破坏，最终导致环境恶化、病毒传播、气候异常……

包括野生动物在内的自然资源，并非无穷无尽、取之不竭。如果人类再不约束对大自然的无序破坏和对自然资源的掠夺性利用，我们的子孙后代将只能面对荒芜、孤寂的家园，并最终失去生存发展的空间。

保护野生动物，就是维护生态平衡，也是在保护人类自己；保护野生动物的家园，就是保护人类的生存环境。

我国是野生动物资源丰富的国家,也是世界生物多样性最丰富的国家之一。

据统计,在我国仅脊椎动物就达7300种,超过全球脊椎动物种类总数的10%。我国的野生动物起源古老,珍稀物种丰富,是大熊猫等400多种中国特有野生动物的家园。

但是,随着动物栖息地的不断丧失和破碎化,外来物种入侵、环境严重污染、资源过度利用成为导致我国野生动物资源丧失和生态系统变差的主要驱动因素。

世界十大濒危动物之一

野生东北虎是现存体形最大的肉食性猫科动物,有"百兽之王"的美称,主要分布在俄罗斯西伯利亚和远东地区、朝鲜以及中国东北地区,被列为世界十大濒危动物之一。据不完全统计,当今全球野生东北虎数量仅有500多只。

虽然野生东北虎近些年才在大众视野中出现,受关注度逐渐升温,但早在1974年,当时还是东北林业大学野生动物系教授的马建章,就开始了对东北虎的第一次野外调查。

经过深入的调查研究,他发现,由于人类活动频繁,野生东北虎的栖息地中间多了很多"不速之客",村屯、农田、公路、铁路日益增多,就像"人工隔离带"一样,将野生东北虎的栖息地划分成一个个彼此分隔的"孤岛",导致野生东北虎不能进行基因交流,甚至造成近亲繁殖,严重危及东北虎的生存。

随着东北虎豹国家公园与野生动物和自然保护区建设工程的不断完善,近20年来,东北地区森林资源得以恢复,自然保护地破碎化问题得到了较好解决。鹿、狍子、野猪等东北虎食物链上的动物种类不断增加,栖息地的环境质量也显著改善,自然生态系统完整性得到进一步提升。

更有趣的是,在中俄边境上,野生东北虎"越境"活动频繁,曾有东北虎从俄罗斯"潜入"中国,也有定居在中国珲春等地的东北虎跑去俄罗斯"串门"。

根据这一情况,马建章教授率领的科研团队很快提出了"跨境生态廊道建设"的设想,就是在中俄两国的边境上设立跨国保护区和通道,没有障碍和界限,让野生东北虎不用"护照"和"签证",便能实现自由"串门",甚至"跨国联姻",进一步促进野生东北虎种群的繁衍生息。由此,马建章本人也成为中国唯一一位野生动植物保护与利用学科的院士,赢得了"老虎院士"的美誉。

谢谢啊!

自由通道

小贴士

生态廊道也称生物廊道，是指在生态环境中呈线性或带状布局、能够沟通连接空间分布上较为孤立和分散的生态单元的生态系统空间类型，能够满足物种的扩散、迁移和交换，是构建区域"山水林田湖草"完整生态系统的重要组成部分。

和野生东北虎的情形十分相似，亚洲象曾在我国许多地区栖息、繁衍，后来同样因为人类活动的影响，象群的分布区域、种群数量不断萎缩，在我国境内一度濒临灭绝。

位于我国云南省西双版纳傣族自治州的亚洲象救护与繁育中心，自2008年成立以来，先后参与救助过20多头亚洲象，更有9头小象是在这里出生的。

随着保护政策取得成效，我国的野生亚洲象种群逐渐恢复，数量不断增多，不少野象甚至会走出保护区，进入人类生活区。

为了减少野象活动造成的人象冲突，2018年，勐海县建立了第一个县级亚洲象监测预警平台，利用无人机、红外照相机等设备，追踪象群最新动态，实现了实时信息传输和及时预警，提醒人们主动避开野象，让路给野象通行。在修建中老铁路勐养段时，施工设计以隧道的形式"穿越"亚洲象的栖息地，最大限度避免惊扰象群，更好地实现了人象和谐共存。

小贴士

中老铁路是中老国际铁路通道的简称，是一条连接中国云南省昆明市与老挝万象市的电气化铁路，也是第一个以中方为主投资建设、共同运营并与中国铁路网直接连通的跨国铁路。2021年12月全线正式通车运营，行驶总长度为1022公里。

野生动物与森林、湿地等环境资源共同构成了强大稳定的自然生态系统，庇护着人类生存发展的空间。同时，野生动物也为人类的可持续发展提供了充足而又不可替代的物质资源、基因资源、科研资源和文化艺术资源。

和全世界的万千生灵一样，我们人类同样是地球大家庭中的一个成员。为了人类的生存繁衍，为了与自然的和谐发展，作为新时代的青少年，我们更有责任保护野生动物，保护生态资源，保护我们的地球。

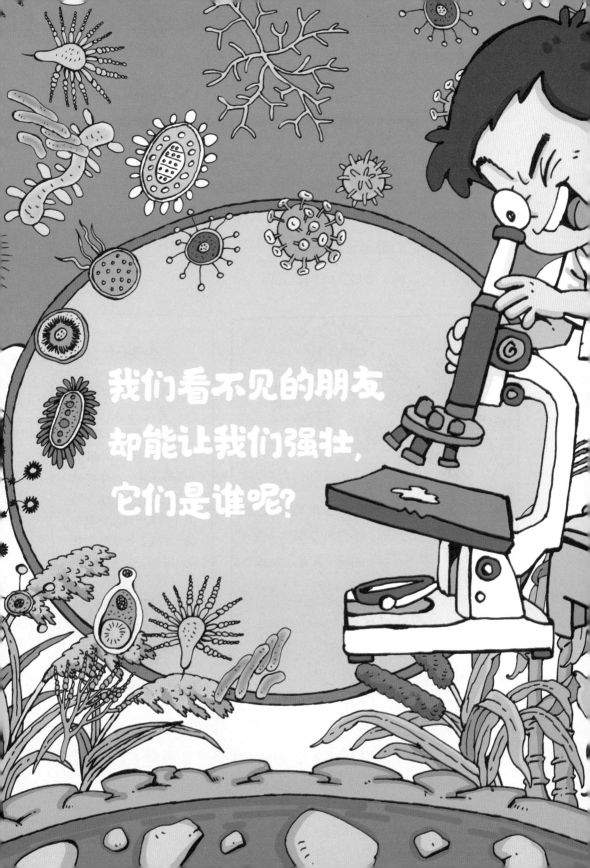

我们看不见的朋友
却能让我们强壮，
它们是谁呢？

同学们，你们知道吗？每天陪伴你们一起学习玩耍的，除了你们的好朋友之外，在生活中，还有一群看不见的"老朋友"。它们在你们出生后就时刻陪伴着你们，保护着你们，让你们茁壮成长，变得强壮。

你们知道它们都是谁吗？

它们有一个统一的名字：微生物。

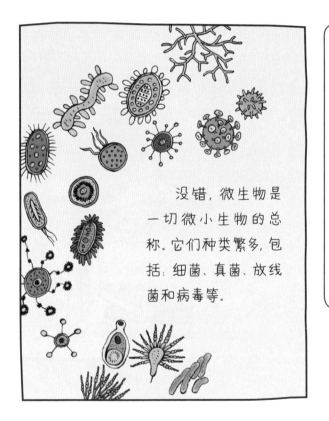

没错，微生物是一切微小生物的总称。它们种类繁多，包括：细菌、真菌、放线菌和病毒等。

小贴士

我们正在努力对抗的新型冠状病毒就是微生物中的一种，不过它们是不好的微生物，对人类的身体健康有害。这些让人生病的微生物又叫作致病微生物，占据了全部微生物的一小部分。

微生物可不像大象、老虎、狮子等动物那样威武雄壮，它们绝大多数都非常小，小到人们需要借助显微镜才能看清它们的"真容相貌"。

同学们可能会问：既然微生物那么小，我们是不是就可以忽视它们呢？

答案是否定的。相反，我们还需要非常重视这些微生物。别看它们只有小小的个体，却有着大大的作用。

那么，这些微生物平时都藏在哪儿呢？

在自然界中，微生物的身影无处不在，而且数量巨大。例如，我们脚下的土壤、呼吸的空气、喝的水、吃的美食，以及我们的身体内外，都存在着大量的微生物。

具体来说，1克土壤里，可以有数亿个微生物；我们平时使用的纸币上，细菌数量多达几百万个；生活在我们身体内外的微生物重量加起来约为1~2千克。这是多么惊人的数字啊！

而且，自然界中大多数的微生物都是人类的好朋友。因为，它们能给我们的生活带来许多好处，使我们变得更加强壮。

那么，这些微生物好朋友是如何让我们变得更加强壮的呢？

首先，大家可以把身上的微生物好朋友想象成自己的"老师"，因为它们能够指导你们的人体免疫系统进行工作。

其次，也可以把它们想象成自己的"士兵"，因为一旦遇到"敌人"（不友好的微生物或者污染物）来攻击你们的身体，它们就会与那些"敌人"展开斗争，并全力打败对方。

而且，我们身体上的微生物除了可以是"老师"和"士兵"，还可以是我们的"营养师"。因为它们能够分解我们吃进肚里的食物，为我们提供丰富的营养物质。

例如，人体80%的微生物都生活在我们的肠道内，大于100多万亿个，约是人体细胞的2~10倍。这些肠道微生物不仅能够帮助我们分解食物，还可以合成一些人类活动必需的物质，供给我们利用。

随着科技的不断进步，我们国家越来越重视对微生物领域的研究。2017年12月，中国科学院正式启动了"人体与环境健康的微生物组共性技术研究"暨"中科院微生物组计划"重点项目。由中科院微生物研究所牵头，整合了国内14家科研单位和医院的科学家共同参与。

"按照国家和老百姓的需求方向去做研究, 就是这个计划的特色。"项目总负责人、中国科学院微生物所原所长刘双江这样介绍说。

那么, 什么是老百姓的需求呢?

当然就是健康了。

为此, 刘双江研究员带领着他的科研团队, 收集了239份来自不同地区、不同年龄的健康人群的新鲜粪便, 并对粪便中的微生物进行分离培养。

可是为什么要研究又臭又脏的粪便呢?

因为通过研究粪便, 发现肠道微生物与人类和环境共同演化的科学规律, 就可以为人类健康问题和社会可持续发展提供新的解决方案呢。这也是为什么肠道微生物被称为"人类第二基因组"的原因啊!

功夫不负有心人! 历时两年, 刘双江科研团队终于在2021年成功构建了一个可公开获取的人肠道微生物生物库。

小贴士

科学研究发现: 人体微生物与人类的健康有着密切的关系, 例如, 肠道菌群结构的改变与失衡, 除了会导致肠道疾病外, 还与糖尿病、肥胖等很多慢性、代谢性疾病有着密切关系, 甚至还与癌症有关。

这个生物库包含1170个菌株,代表400个人类肠道微生物种类。其中,有102个新物种是由刘双江科研团队首次发现的。

中科院人肠道微生物生物库的成功构建,为全世界的肠道微生物研究和开发利用提供了重要的理论基础与资源支持。

除了肠道,我们的皮肤、口鼻腔等身体部位也栖息着大量的微生物。

科学研究还发现,住在城市里的人更容易患上哮喘、过敏等自身免疫性疾病。这是为什么呢?

很重要的一个原因就是:与居住在乡村地区的人们相比,居住在城市里的人们接触到大自然的机会相对较少,从而接触到有益微生物的概率就更小。

此外,科学家们还发现,医院空气中的病原微生物含量显著高于其他的地方。但是,通过增加植物覆盖就可以有效降低空气中病原微生物的浓度比例。

因此,亲近大自然、走进城市公园等植物覆盖率较高的场所,不仅能够让同学们身心愉悦,还能够帮助大家接触更多看不见的"好朋友",从而提高我们的免疫力,让我们变得更加强壮!

微生物还能够通过改变环境、改变食物质量等方式,间接地影响人类的身体健康。

小贴士

白衣天使给同学们做新冠病毒核酸检测,其实就是在检测大家口鼻腔里的微生物。如果核酸检测结果显示阴性,就说明新冠病毒的魔爪还没有侵袭到你们的身上。

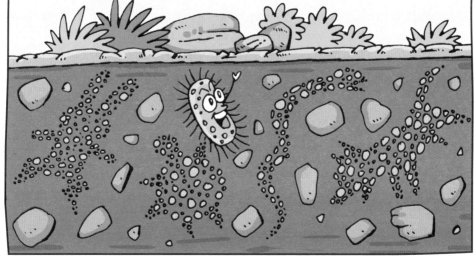

例如,在土壤中存活着数以万亿计的微生物。它们是地球上最重要的分解者,通过分解动植物的"尸体",完成生命物质能量循环,影响着土壤中植物的生长。同样,它们也是地球污染物的净化器。

正是因为有了土壤微生物,才能有健康的土壤,从而种出健康且富有营养的粮食作物。

我们国家的土壤微生物科研团队在国际上同样扮演着非常重要的角色,被认为能够改变国际土壤微生物组研究的世界格局。

2014年6月,中国科学院正式启动了"土壤微生物系统调控及其功能"战略性先导科技专项。

在专项首席科学家朱永官院士的带领下,我国一批优秀的土壤科学家协同作战,共同对中国农田、草地和森林系统的土壤微生物展开了全面的科学研究。

　　科学家们经过5年的辛勤工作，在土壤微生物的组成和格局、功能及调控方面，取得了一系列重大的创新和突破，产生了重要的国际影响，也为我国进一步开展跨学科、跨行业的微生物组计划提供了先行先试经验，更好地发挥了微生物系统在污染环境修复、人体健康和生物制造等方面的重要作用。

　　说到这里，同学们想必都知道了，微生物在人类生产生活的各个方面都发挥着重要的作用。但是，截止到目前，人类对微生物的认识还只是冰山一角，还有多达99%的微生物种类和功能在科学界尚属未知。

　　这就期待着同学们长大后，能够像科学家那样，更深一步走进微生物的世界，用科学知识为武器，去探索和发现更多的奥秘。预祝你们取得成功！

"返景入深林,复照青苔上。""鸟栖红叶树,月照青苔地。""苔痕上阶绿,草色入帘青。" "青苔满阶砌,白鸟故迟留。" "苔花如米小,也学牡丹开。"……

同学们,这些美丽的诗句出自我国古代许多大诗人的笔下,王维、白居易、刘禹锡、杜牧、袁枚……

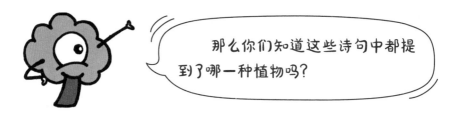

那么你们知道这些诗句中都提到了哪一种植物吗?

没错,这些诗句中都提到了"苔",也就是我们平常说的青苔。不过科学地说,青苔可不是单一的一种植物。它们这个"家族"成员很多,是一大类植物,植物学家把它们归为苔藓植物。

在整个地球植物大家庭中,苔藓植物显著的特点就是"小",是名副其实的"小个子",被科学家亲切地称为植物王国的"小矮人"。正如我们平时看到的那样,苔藓和普通的乔木、灌木、草本植物比起来,真是太矮太小了。大多数苔藓只有几毫米到几厘米高,即使是全世界最大的苔藓植物新西兰巨藓,也不超过50厘米高。

　　尽管身材矮小，苔藓王国里面的成员可是真不少。根据科学家的调查和研究，全世界的苔藓植物大约有23000多种。不过，这些苔藓很多时候太相似了，辨别它们可不容易，需要依靠专门的仪器和专业的知识。

　　苔藓植物分布也很广，遍布全世界，身影随处可见；只要是潮湿的环境，不管是岩石、台阶、墙壁还是树干，都可以发现它们的存在。因为，苔藓植物最喜欢的就是潮湿的环境。

　　哪里潮湿，哪里就有我！

　　苔藓植物虽然身材矮小，但同学们千万不要小瞧它们，它们的身份可不简单。

　　从整个植物界的演化进程来看，苔藓可是陆地植物中的"老祖宗"，它们的出现比我们现在能看见的大多数开花植物都要早。古生物学家发现，苔藓植物起源于泥盆纪中期，距今已经有近4亿年的历史，是早期进化的陆地植物，比恐龙出现的时期还要早很多很多。

　　更重要的是，苔藓植物是最早从海洋登陆陆地的绿色植物，可以说，要是没有苔藓植物的成功登陆，可能就没有我们今天丰富多彩的陆地生命世界。

　　苔藓植物的植株结构比较简单，没有真正的根，也没有用来输导水分和营养物质的维管组织，但是，它们在现实的生态系统中地位很特殊。苔藓植物与地衣等植物一样，能够为后来植物的生长创造条件，是植物界公认的"拓荒先锋"。

首先，苔藓植物能够分泌出一种特殊的酸性物质，可以缓慢地溶解岩石表面，加速岩石的风化，促使土壤形成。有了土壤，其他植物才能得以生存。

其次，苔藓植物还具有很强的吸水能力，有些苔藓植物吸收的水分能够达到自身重量的几十倍。它们就像海绵一样，为森林提供了一座"蓄水池"：在雨季储存大量雨水，到了干旱的季节，又可以持续地为森林提供水分。

另外，苔藓植物死亡后也能发挥作用。它们枯死后分解的有机质，会在地表逐渐形成一层肥沃的土壤，为其他植物的生长提供养分，促进其他植物的生长。这样，草本、木本植物就可以落地生根，形成新的繁茂的植物群落。

可以毫不夸张地说，如果地球上没有苔藓来当"拓荒先锋"，那些原本裸露的地域，如沙地、岩层等，都将永远是荒芜之地。

苔藓植物与我们人类的生活更是密切相关。

苔藓植物通常被认为是大自然的"环境听诊器"。由于它们对环境变化具有较强的敏感性，常被作为环境监测的指示植物。例如因为对重金属污染的敏感性远高于其他植物，有些苔藓植物常常被用来反映环境中的重金属污染情况。

一些苔藓植物则能够用于对水体污染的监测。在水体环境中，由于污染物浓度太低，有时不在仪器能够检测的范围内。但是，这些苔藓植物却能通过特定的受害病症表现出来。

苔藓植物还被认为是天然的"空气清洁器"。

因为苔藓植物的叶片基本由单层或少数几层细胞构成，缺少角质层的保护，使得它们很容易被污染物入侵。再加上苔藓植物的表面积与体积比值高，接触污染物的相对面积就大，因而具有很强的大气污染物吸附能力。如果我们把苔藓植物盆栽放在室内，就能吸收空气中的粉尘，让室内空气变得更清新。

小贴士

一些苔藓植物还"一身多能"。例如泥炭藓，不但是固碳小能手，还可以用作土壤改良剂增加沙土的吸水性，或者用来培养花卉。在缺少燃料的时候，还能将它晒干后作为燃料。

我国国土幅员辽阔，生态环境呈多样性，拥有非常丰富的苔藓植物资源，已发现的种类超过2800种，可以说是全世界苔藓植物多样性最丰富的国家之一。

而这么多的苔藓植物被发现和认识，大家可要感谢一位被称为"中国苔藓之父"的著名科学家。他的名字叫作陈邦杰，是我国杰出的植物学家和教育家，曾当选为全国人大代表，在苔藓研究方面成就巨大，是中国苔藓植物学研究的奠基人。

大约100多年前，中国人自己的苔藓植物研究领域还是一片空白。陈邦杰在大学读书期间，就立下宏大志愿，要为国争光，让中国的植物学研究达到国际水平。为此，他不畏艰难，在条件非常恶劣的情况下奔走全国各地，采集了大量的植物标本，获得了珍贵的第一手资料。其中，经他采集编号的苔藓植物标本多达4万个，按属性划分为2329个种类。

中华人民共和国成立后，陈邦杰教授的苔藓植物研究工作得到了党和国家的高度重视，国家还专门拨款为他修建了一幢楼，用来存放苔藓植物标本，并添置了必要的设备，配备了多名助手，使研究工作得到顺利的推进。

陈教授经常带领助手和学生到全国各地采集标本，观察生态环境，做了大量的研究工作。他还制定了苔藓植物科目的命名规则，为许多苔藓植物拟订了生动而形象的中文名称，如金发藓、提灯藓、葫芦藓、孔雀藓等，纠正了许多错误用法。他编著的《中国藓类植物属志》一书，成为中国植物科学工作者和林业工作人员的重要参考书，被行家们誉为中国藓类植物学的第一本经典。

陈邦杰教授学识渊博、治学严谨，深受国内同行的钦佩和赞赏。他更以满腔热忱和高度的责任感，培养了大批科学人才。许多研究机构和大专院校都先后选派年轻学者，拜陈教授为师，向他学习、求教。如今，这些当年的学生，已经成为我国苔藓植物学研究的骨干力量。

在国外同行中，陈教授也享有很高的声望，他的名字被收入《世界植物名人录》。1980 年 11 月，正值他去世 10 周年之际，国际植物分类学协会月刊 TAXON（《分类学》）专门撰文，向全世界介绍了陈教授的生平传略，以纪念这位为世界苔藓研究做出杰出贡献的科学家。

1985年，美国密苏里植物园制作发行了一套世界著名植物学家的纪念明信片，其中一张就是陈邦杰教授。

陈邦杰教授雕像

照片拍摄 / 胡世鑫

陈邦杰教授不畏艰难、奋发图强、献身中华科技振兴的科学精神，值得同学们认真学习，并不断地传承下去。

小贴士

2001年，陈邦杰教授生前曾经工作过的南京师范大学，精心制作了一尊他的雕像，以纪念这位把毕生的精力和心血献给中国教育事业和科学研究工作的伟大学者。

周末的时候，同学们会不会和爸爸妈妈一起走进公园，在步行道上漫步，或在林荫下运动，或在池水边嬉戏，享受着灿烂的阳光，呼吸着清新的空气，品鉴着鸟语花香，一家人其乐融融。

可是，你们知道吗？最早的城市里并没有公园，即使有花园，也不是所有人都能随意走进去观赏游玩的。在城市里建公园，用来自自然的园林景观装点城市，其实是现代城市发展的新模式。

在古代，人们建造城市主要依靠就地取材，房屋等的建筑材料主要来自周边的木材、石头和泥土。

工业革命之后，科技快速发展，人类开始使用钢铁和水泥来建造更大也更坚固的城市建筑，以容纳大量的城市人口。

如今，现代城市为人们提供了更为便捷、优质的居住环境，再加上医疗、教育、购物、通信等社会福利的吸引，使得越来越多的人进入城市生活，也使得城市中的建筑物越建越多、越建越高。

现在，地球上有超过一半的人都生活在城市里。根据联合国的预测，未来生活在城市里的人还会越来越多，所以21世纪又被称为"城市世纪"。

城市生活好惬意啊！

小贴士

自20世纪80年代以来，我国经历了人类历史上速度最快、规模最大的城镇化进程。城镇化率一般指城镇人口占总人口的比重，我国的城镇化率从1978年的17.9%增加到2021年的64.7%，也就是说，我国有超过9亿人生活在城市当中。

　　如果，请同学们说一说城市的样子，或许大家马上就会想到四处林立的高楼大厦、八方贯通的道路桥梁。没错，城市在我们的印象中，就像是由钢筋混凝土构成的"水泥森林"。

　　虽然水泥森林式的城市容纳了大量人口的居住，但同时也造成了很多生态环境的问题。例如，除了人工发热和绿地减少等原因，城市中由钢筋混凝土建造的建筑物和路面会吸收更多的热量，导致城市内部的大气温度比周边郊区明显高出好几摄氏度，而且越靠近城市中心区，大气温度就越高，也就形成了城市热岛效应。

热啊！

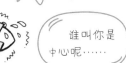

谁叫你是中心呢……

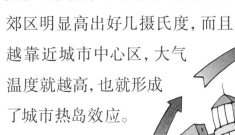

同学们可能会认为，城市里温度高一点儿没什么大不了的。但是，大家千万不要小瞧这几摄氏度的气温变化。因为城市热岛效应会改变整个城市区域的微气候，造成通风不畅、极端降雨增多、空气污染加重等一系列负面影响。

具体到我们的生活中，城市热岛效应会导致大气污染物的聚集，使其浓度剧增，直接刺激我们的呼吸道黏膜，引起咳嗽、流鼻涕，甚至诱发呼吸系统疾病。

大自然为人类提供了很多必不可少的生态系统服务，例如干净的空气、清洁的水源、多样的食材、美丽的风景……当然也包括一些我们容易忽视的服务，例如宜人的气候条件、安全的生活空间等。

当我们走进城市公园，与大自然亲密接触的时候，看一看色彩缤纷的花花草草，听一听清脆悠扬的鸟叫声，感受一下迎面拂来的微风，便会在不知不觉中放松身心，将一切烦恼和不开心都抛到九霄云外。

不仅如此，在舒适的大自然环境中，人们不但能够充分体验到生理和心理上的愉悦感，还更愿意与他人沟通、分享。

你们是不是也发现

好好享受这清新的空气！

了,住在高楼大厦里的邻居之间很少有交流。但是到了公园里,很多认识的、不认识的人都能开心地聊到一起。

近年来,科学家们开始积极倡导对城市进行改造,将更多的森林、草地、河流、湖库等自然元素引入城市,并将这种像花园一样的城市称为生态城市。

> 那么,是不是在城市里多种些花草、少建些高楼就是生态城市了呢?

当然不是。生态城市指的是一种社会、经济、文化和自然高度协同和谐的复合生态系统。

首先,一座城市的存在和发展,需要科学评估它的生态承载力。例如,这一区域适宜建设城市的空间有多大?水资源能够满足多少人的需求?……

其次,还需要将城市的各种社会、经济活动,与生态环境变化的关系进行分析。例如,城市里汽车数量多了,就会排出很多尾气污染环境,那么在设计上就要对未来城市里汽车的数量进行控制,同时注重利用道路两旁的绿地来降低尾气污染。

最后,通过设计和建设各种生态工程,抵消城市的社会、经济活动对自然环境产生的不利影响,为城市居民提供一个美丽、健康的生态环境。

中国科学院的马世骏先生是我国生态城市建设的科学先驱。1951年在美国明尼苏达大学获得博士学位后，他克服美国当局的阻挠，抱着"我要用我的知识改变落后的中国"的美好心愿，借着参加欧洲学术会议的名义，辗转多国，耗费了整整3个月的时间才终于回到祖国怀抱。

马世骏先生回国后的第一项工作就是治理蝗灾。他带领着研究团队，奔赴灾情最严重的地区，通过实地考察、定点观察、室内实验、数据分析等方法，深入研究了蝗虫生长和繁殖所需要的环境条件，进而揭示了蝗灾爆发的主要原因。然后，他们制订出"改治结合，根除蝗害"的治理策略，通过人工措施改变蝗虫需要的生长环境，从而遏制了蝗虫的繁殖，根治了肆虐我国数千年的蝗灾。

1959年，马世骏先生编著出版了《中国昆虫生态地理概述》一书。这是中华人民共和国成立以来有关中国昆虫生态地理与分布以及昆虫区划的第一部专著，从生态学观点讨论了昆虫地理分布的基本理论。

之后，他又把目光从对昆虫生态学的研究，扩展到系统生态学领域，课题转向人类与自然和谐发展，专注环境污染、人口与生物资源利用等问题，探索通过生态学来改善人类的生存环境。

1980年，马世骏先生当选为中国科学院院士（学部委员）。1984年，他和学生王如松提出了著名的"社会—经济—自然复合生态系统理论"，认为社会、经济、自然是城市的基本组成，既有各自的运行规律，也是相互作用的整体。

基于这个理论，王如松带领中科院生态环境研究中心的科学家，完成了我国最早的一批生态城市建设规划。例如在我国第一个生态县——江苏省的大丰县，科学家们尝试建立一种新的循环型生态产业，简单地说，就是把一个工厂排放的污染物进行废物利用，作为另一个工厂的生产原材料，形成网链状联系，这样就可以在生产过程中解决环境污染的问题。

马世骏院士的另一位学生赵景柱，则带领中科院城市环境研究所的科学家，完成了河北省雄安新区的生态建设规划。他们通过精确评估当地的生态承载力，为解

决新区适合发展哪些产业，以及适宜容纳多少人口等提供了科学的决策依据。

现在，城市生态化已经成为我国生态文明建设体系的重要组成，并在越来越多的城市进行实践推广。

以北京为例，从2020年到2035年，北京城市的人工建设用地将减少100平方公里，用来发展自然生态空间。到那时，人们不用等到周末，出门就能看见绿地，步行10分钟就能进入公园。

小贴士

根据北京市发布的"十四五"时期重大基础设施发展规划，到2035年，北京市将新增大尺度森林59万亩、城市绿地5.7万亩，新建城市休闲公园190处、小微绿地和口袋公园460处、城市森林52处、健康绿道597公里，全市森林覆盖率达到44.4%，公园绿地500米服务半径覆盖率达到86.8%。

同学们，请你们也观察一下，你们正在居住的城市是不是生态城市？或者，是不是也正在向花园城市改变呢？

说到牧场，同学们会想到什么？

肯定是一望无际的大草原，绿油油的牧草，牛羊在埋头吃草，马儿在成群结队地尽情奔跑！

但是，这只是人们传统印象中的牧场，就像呼伦贝尔大草原。如今，有一种新型的牧场，它不在陆地上，而是在蓝色的大海里，名为"海洋牧场"。

陆地上的牧场，放养的是马、牛、羊。那么，海洋牧场里放养的又是什么呢？没错，就是大家平时爱吃的鱼、虾、贝、藻等海洋经济生物。

陆地上的牧场通常是绿油油的大草原，"天苍苍，野茫茫，风吹草低见牛羊"。可是，海洋牧场里又有什么呢？碧蓝的大海，看上去

波涛荡漾，里面并没有什么呀？其实不然，海洋里有着足以媲美草原的饵料场，那就是个体微小但数量巨大的浮游生物群，它们可是鱼、虾和贝类最爱吃的食物。

和陆地一样，海洋里也有天然牧场，那就是大家熟悉的天然渔场，比方说著名的世界四大渔场：日本的北海道渔场、英国的北海渔场、加拿大的纽芬兰渔场和秘鲁的秘鲁渔场。

我国是沿海国家，当然也有天然的海洋牧场。黄渤海渔场、南部沿海渔场、舟山渔场和西沙西部北部湾口外底拖网渔场，并称中国四大渔场。但是，由于这些年近海栖息地遭到破坏，以及环境污染和过度捕捞等原因，导致生态系统失衡，渔业资源衰退，这些天然海洋牧场已经名存实亡。

唉，什么都没了……

那么，我们能不能像在陆地上建造草原牧场那样，建立人工的海洋牧场呢？

答案当然是肯定的！人类通过认知自然，了解海洋，认清海洋与人类的密切关系，进而采取行动保护海洋生态资源，实现海域生态环境修复和资源恢复，就可以建设现代化的海洋牧场，让海洋成为"蓝色粮仓"。

可能有的同学还会有疑问：不是说我国是水产养殖大国吗？海洋牧场是不是就是海水养殖呢？

实际上，海洋牧场和海水养殖是有本质区别的，绝不可混为一谈。人工养殖的目的是通过外界投入，来获取生长速度更快、品质更高、数量更多的产出，重视的是经济效益。而海洋牧场则是通过科学的人为干预，构建健康的生态系统，实现海洋生物资源的自我补充。

那么，到底什么是海洋牧场呢？

海洋牧场

海洋牧场的建设构想最早来自日本。面对生态环境恶化和渔业资源衰退等问题，日本科学家通过人工放流（养）、人工鱼礁建设、海藻场营造等举措，使得日本近海渔业资源得到了养护与增殖，进而希望可以像在草原上放牧牛羊一样，在海洋里放养鱼、虾、贝等水产生物，使渔业可持续发展。于是在1971年，日本首先提出了海洋牧场的建设构想，并在几年后建成了世界上第一个海洋牧场——日本黑潮牧场。

我是放养的鱼

我是放养的虾

在我国，由于生态环境遭到破坏、海洋生物资源衰退，再加上天然渔场消亡、水产养殖病害等实际问题，令系统性生态保护修复和资源养护的工作变得尤为重要，更迫切要求我们采取行动，保护海洋，建设海洋牧场，实现海洋生物资源的自我补充。

目前我国人口超过14亿，满足人们日常食物和优质蛋白质的需求是一项十分艰巨的任务。开展海洋牧场建设，保障优质水产资源的持续供给，既能满足国民水产蛋白质的需求，也可通过"一带一路"倡议对缓解全球粮食危机做出重大贡献。

早在1965年，我国海洋农业奠基人曾呈奎院士就提出了"海洋农牧化"的战略构想，主张在中国近岸海域"放牧"海洋经济生物。20世纪70年代末，我国在北部湾投放了第一个混凝土制的人工鱼礁，拉开了海洋牧场建设的实践序幕。

但是，当时的主要做法是人工鱼礁建设和渔业资源增殖放流，目的仍是单一追求经济效益，还不能等同于建设海洋牧场，只是海洋牧场建设之中的重要途径。而且由于对经济效益的片面追求，这一阶段的建设活动忽视了对生态环境的养护与修复，更没有在设计中引入生态系统的概念。

美丽的草原是健康牧场的灵魂，具有重要的经济和生态价值。在大海里也是如此，海洋牧场必须是"牧场"与"海洋"的有机整体。筑巢引凤，必须把海洋生态系统守护好，才能建好海洋牧场。

通过前面的介绍，同学们对海洋牧场应该有了初步的认识吧。

简单来说，从空间上看，海洋牧场的建设通常选择在近海6～20米水深的海域，但并不孤立，向陆地发展可以承接海岸，向深海发展可以毗连大洋。从生态环境上看，这些海域适宜海洋生物的生长繁殖，具有一定的环境承载力。人们在这些海域内，采用规模化渔业设施和系统化管理体制，将人工放流的海洋经济生物与被环境吸引而来的海洋生物聚集起来，像在陆地上放牛放羊一样，进行有计划、有目的的海上"放牧"，就是为了确保作为渔业生产基础的水产资源的稳定和持续增长。

小贴士

海洋牧场的建设需要考虑两个基本条件：一是海水清而不浊，透明度高且不能太深；二是水流平缓，不能太急，海底还需坚硬平坦。满足以上两个基本条件，才能建设海洋牧场。

上接海岸，下接大洋！

6米　　　　20米

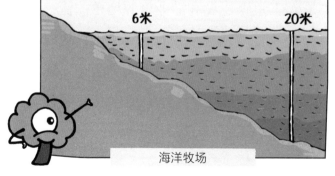

海洋牧场

把海洋建设成人类获取优质蛋白质的巨大"蓝色粮仓"，是我国几代海洋科学家的共同梦想。为了实现梦想，中国科学院海洋研究所的杨红生研究员带领着一支科研团队，20多年一直耕耘在海洋牧场的研究领域。

"我常常思索，中国特色的海洋牧场应该是什么样子？难道仅仅是模仿国外，开展简单的人工鱼礁投放或渔业资源增殖放流就行了吗？绝对不行！我们必须立足中国国情，赋予海洋牧场新的建设内涵。"杨红生是这样思考的，也是这样做的。

经过20多年的联合科技攻关，在杨红生和他的科研团队的努力下，具有中国特色的海洋牧场雏形渐渐变得清晰起来：他带领团队制订了首个海洋牧场国家标准，创建了"生态优先、陆海统筹、三产融合、功能多元"的现代化海洋牧场发展新模式，取得了海洋牧场生境系统化构建、资源生态化养护和安全信息化保障等一系列创新性成果。在实际应用中，他们通过建立在大连、唐山、烟台、日照等地的多个海洋生态牧场示范区，应用示范推广面积达50万亩，经济生物种类增加29%以上，资

源量增加7倍,渔户平均年收入翻番,经济效益达180亿元,极大地推动了我国海洋渔业的技术革新、产业升级和可持续发展。

在中国科学家的共同努力下,我国的海洋牧场建设在短时间内走过了其他国家几十年的发展历程。到现在,我国已经投建了以养护型、增殖型、休闲型为主要类别,覆盖渤海、黄海、东海与南海四大海域的110个国家级海洋牧场示范区。据测算,已建成的海洋牧场每年可产生直接经济效益319亿元。

> **小贴士**
>
> 海洋牧场作为海洋渔业的新业态,具有显著的固碳增汇(对二氧化碳的增汇和碳储)能力。截至目前,我国已建成的海洋牧场年固碳量达到32万吨,消减氮2.8万吨、磷2795吨,每年产生生态效益1003亿元,远高于其经济效益。而且,对赤潮、绿潮等海洋灾害防控发挥着重要作用。

习近平爷爷指出:要进一步关心海洋、认识海洋、经略海洋,推动我国海洋强国建设不断取得新成就。海洋牧场作为一种海洋经济新形态,既能养护生物资源,又能修复生态环境,正是提高海洋经济增长质量、实现生态系统和谐发展的重要途径。

同学们,你们做好准备了吗?等待你们,长大之后发挥自己的所学之长,向海洋进军!

提到"沙漠"这个词，同学们首先会想到什么：一望无际的沙丘、火辣辣的太阳、干燥的空气、疲惫的驼队……严重的缺水！是不是觉得沙漠对人类来说，就像火山、沼泽一样充满了危险。

的确，沙漠对于人类来说是不适宜生存的。但它也是地球上不可或缺的一种生态系统。沙漠通常是指地面完全被沙所覆盖、缺乏流水、气候干燥、植物稀少的荒芜地区。即便如此，在沙漠中也是有生命存在的，例如仙人掌、梭梭树、骆驼和蜥蜴等。

据估计，地球上现有沙漠面积超过3100万平方公里，占陆地总面积的21%。而且，由于自然和人为因素的影响，土地沙漠化问题日趋严重，致使全球土地沙漠化面积以每年大约6万平方公里的速度增加。

那么，地球上为什么会有沙漠呢？

说到沙漠的起源，很多同学会以为：是由于人类不合理的开发活动，造成了地球上越来越严重的土地沙漠化问题。实际上，这种观点过分夸大了人类影响自然的能力。因为在人类尝试改变地球环境之前，沙漠就已经是地球生态系统的重要组成部分了。

地球自身的气候和环境条件,才是造就现在的沙漠最主要的原因:在雨水丰沛、气候湿热的地区,往往会形成森林;而在炎热干燥、降水稀少的地区,就容易形成沙漠。

而且,地球的气候与环境是呈动态变化的。一些区域现在是沙漠,以前却不一定是。

小贴士

世界四大沙漠分别是:撒哈拉沙漠(面积约为932万平方公里)阿拉伯沙漠(面积约为233万平方公里)、利比亚沙漠(面积约为169万平方公里)和澳大利亚沙漠(面积约为155万平方公里)。

例如现在地球上最大的沙漠——撒哈拉沙漠,在过去几十万年间,就经历了反复的气候变化。当气候表现为干旱时,这一区域会变成沙漠;而当气候表现为湿润时,它就会变成热带草原。目前这一区域呈现为沙漠状态,正是因为处于干旱期的缘故。科学家预测:在1.5万年后,伴随全球气候再次变湿润,撒哈拉沙漠又将变成草原。

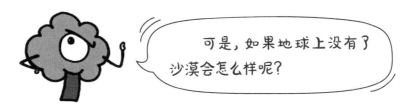

可是,如果地球上没有了沙漠会怎么样呢?

地球上的各种生态系统(包括森林、草原、海洋、沙漠等)都不是孤立存在的,它们之间存在着复杂连贯的相互作用,使地球的气候和环境保持着相对稳定的状态,保障各种生态系统内的生命可以持续生存、发展。

沙漠对整个地球的气候和环境变化发挥着重要的作用。例如，沙漠的温度变化显著，白天升温快，夜晚降温快，因此会与大陆边缘的海洋形成明显的温差，驱动内陆与海洋之间的大气流动。

伴随这种气流变化，悬浮在空气中的沙漠细小颗粒，有助于大气中的水分凝结成雨，形成气流行进途中的大气降雨，滋润内陆与海洋之间的大片区域。

太沉了，我托不住了！你们准备下去吧！

此外，这些看似从荒芜沙漠中被卷起的沙尘，其实富含生命所必需的各种营养元素，包括氮、磷、铁等。它们随着气流一路飘向海洋，或者沿途飘落，就像施肥一样，促进了沿途生物的生长、繁衍。

具体来说，科学家通过观察发现，在撒哈拉沙漠北部每年会被卷起1.82亿吨沙尘，随着大气环流一路向西，直奔大西洋而去。

其中的一部分沙尘，在大西洋上空横跨2500公里后飘落下来，促进了这一区域海洋浮游生物的增长。

还有大约1.32亿吨的沙尘，能够随着气流到达大西洋另一端的南美洲。其中，有2770万吨沙尘会落在亚马孙热带雨林中。这些沙尘中富含元素磷，成为热带雨林植被生长所必需的营养元素。

撒哈拉运输队

两地远隔万里，却形成了密切的联系。可以说，假如没有撒哈拉沙漠的沙尘营养供给，也许就没有亚马孙热带雨林的存在。

但是，人类的一些不合理活动，包括过度地开垦耕地、砍伐森林、使用地表和地下水等，都会导致沙漠边缘地区的自然平衡遭到破坏，造成当地原有绿洲、草场等退化成沙漠，形成灾害。

人为因素导致的沙漠化问题，需要人类自己进行科学的治理和修复。

如果算上戈壁和半干旱地区的沙地，目前我国沙漠总面积可以达到130.8万平方公里，约占全国土地总面积的13.6%，主要分布在内陆的西北、华北和东北，俗称"三北"地区。八大沙漠、四大沙地和广袤的戈壁，在我国形成了东起黑龙江西至新疆的万里风沙带。风蚀沙埋严重，常年沙尘暴肆虐，使得我国成为世界上沙漠化面积大、危害严重的国家之一。

> **小贴士**
>
> 我国的八大沙漠是指塔克拉玛干沙漠、古尔班通古特沙漠、巴丹吉林沙漠、腾格里沙漠、柴达木盆地沙漠、库姆塔格沙漠、库布齐沙漠、乌兰布和沙漠；四大沙地是指科尔沁沙地、毛乌素沙地、浑善达克沙地、呼伦贝尔沙地。

为了防治沙漠化扩张，改善生态环境，1978年，我国正式启动了"三北"防护林工程建设，在"三北"地区建设大型人工林业生态工程。这项工程预计到2050年完成，实现造林面积5.35亿亩，又被称为中国的"绿色长城"。工程规划用时73年，分八期工程进行，目前已经进入第六期工程建设。

我们是"绿色长城"！

西北 华北 东北

"三北"防护林

防止和治理沙漠化问题，最重要的举措是要保护干旱地区土壤的水分和养分，减少土壤被侵蚀。但是，这并不是一项简单的工作，需要进行深入、系统的科学研究。

我国西北黄土高原是中华文明的发祥地，曾经拥有肥沃的土地。但是由于过度开垦，植被遭到严重破坏，如今已成为我国乃至全球水土流失最严重的地区之一。

中国科学院生态环境研究中心的傅伯杰院士，出生于陕西省咸阳市。中学毕业后，在两年的劳动实践生活中，他曾经担任过农村生产队的团支部书记和党支部副书记。也正是从那时开始，他立下志愿，要"用自己的学识改变眼前黄土高原的荒凉状况"。由此，他"机缘巧合"地考进了陕西师范大学地理系，走上了与土地打交道的治学之路。

读研究生期间，他几乎跑遍了全国的高原、冰川、荒漠、海岛……对这些地区的地貌、土壤、水文、植被等都有了清晰的了解和记录。

作为国内第一批出国联合培养的博士生，傅伯杰前往英国继续深造，接触到更多国际前沿的研究和资料。

回国后，他带领着自己的科研团队，一直奋战在黄土高原水土流失治理和植被恢复研究的第一线。经过几十年的长期定点观测和模型模拟，他们对大到整个黄土高原，小到一个黄土丘陵的水土流失过程，都进行了深入的科学分析与研究。

正如傅伯杰常说的那句话一样，"做创新，做与众不同的事"，他坚持做科研一定要着眼于开拓创新、追求卓越，哪怕是一点点的不同。

傅伯杰发现，土地的不同使用方式，对当地土壤水分、养分和土壤侵蚀的影响也是不同的。由此，他开创性地将格局—过程—尺度有机结合，建立了针对不同用地类型的坡地土壤水分空间分布模型，用于科学比较和分析不同土地结构的水土保持效应，为水土流失治理和植被恢复工作的实际展开提供了科学依据。

在对黄土高原水土流失研究取得重大成果后，傅伯杰院士团队马上又

把科研重点放在了对黄土高原的生态系统服务上。例如，探索如何将黄土高原从"浅绿"变"深绿"，并在保持水土的基础上，进一步发挥高原植物吸收温室气体的能力。

在中国科学家的共同努力下，截至目前，我国已经有约20%的沙漠化土地得到治理，辽宁省、吉林省、黑龙江省、山西省、北京市、天津市和宁夏回族自治区先后结束了"沙进人退"的历史，曾经被沙漠侵蚀的大片地区又恢复成森林和良田。

人进沙退

图片来源／陕西省林业局

但是，科学家们清醒地认识到，虽然我们在防治沙漠化方面取得了一些成绩，但得到治理的仍只是局部地区，治理进度也还赶不上沙漠化的发展进度。传统的治理方法并不能满足现今的治理要求，必须尽快找到新的治理途径和方法。

同学们，解决问题的希望同样寄托在你们的身上！

绿水青山
为什么是金山银山?

不知同学们有没有这种感受：当我们去一个山清水秀的地方旅游，在领略大自然无限美好风光的同时，我们的身心也能得到极大的愉悦和彻底的放松。

这就是大自然的魅力，也是绿水青山的神奇力量。

那么，什么是"绿水青山"呢？

顾名思义，绿水青山就是指茂密的绿色植被环绕的山山水水。引申而言，泛指美好的河山。更具体地说，就是指人们常说的自然生态系统，例如：森林、草地、湿地等。

绿水青山为人类提供了丰富多样的生态产品，包括食物、医药及其他生产生活原料，例如我们吃的食物、喝的水、用的木材和燃料等。绿水青山也创造并维系着人类赖以生存的自然环境，例如调节气候、防风固沙、净化空气等。同时，绿水青山还为人类提供了休闲、娱乐以及美学欣赏等服务。

在没有人为污染的狩猎和农耕时代，人类之所以能够持续地生存繁衍，呼吸着新鲜的空气，喝到纯净的水，吃到健康的食物，其实都是得益于大自然的恩惠，享受着原始自然生态系统的免费服务。

然而，随着工业和科技的发展，人类的生产、生活逐渐脱离了对大自然的依赖，并粗暴地把它当作水、石油、矿产等资源的采集场。过度开采和不合理的开发，造成大量生态遭破坏，环境被污染，以至于有些绿水青山变成了臭水荒山。

大自然生态系统原有的正常运转遭到破坏后，它为人类服务的能力也就随之大打折扣。当河流湖泊收纳了超过自身容载量的污染物以后，就无法供应清洁的淡水。当山林被过度砍伐后，土壤

就会由于缺乏树木根系的维持而流失。当然，我们自己也不愿意身处遭受破坏的自然景观中参观、游憩。

经过一次又一次惨痛的教训之后，人们终于认识到，依靠人类现今掌握的科技水平，还远远做不到脱离地球自然生态环境，独立生存发展。而且，仍有很多人类必需的服务，还要依托或者只能依托自然生态系统实现，例如气候调节、农作物授粉等。

尽管当前一些人造工程可以替代部分的自然生态系统服务，例如污水处理、大气净化、水土保持等，但在实际运行过程中，仍需要借助大自然的力量。而且，工程投入和运行的成本费用非常巨大。

这时候，人们逐渐发现，绿水青山原来并非没有价值，反而蕴藏着巨大的经济效益，是真真实实的"金山银山"。不懂得珍惜和不合理利用这一价值，就会给人类的生产生活甚至生命安全带来巨大的损失。

那么，怎么做才能保持绿水青山？怎么做才能让绿水青山变成金山银山呢？

小贴士

卡茨基尔森林地区是纽约市重要的饮用水源地，但由于建设发展导致自然植被受到破坏，水质恶化。如果采用人工对策，建设大型净水工程需要投资80亿美元，这还不包括每年的运营费用，预计20年后这笔开支将达到140亿美元。如果采用生态技术恢复林区自然植被，借助森林的自我净化作用解决水质问题，则只需投资20亿美元。这种近乎"一劳永逸"的生态工程让人类认识到自然生态系统服务的可贵。

其实，在现实生活中就有不少将绿水青山转化为金山银山的成功事例。

九寨沟国家级自然保护区，地处四川省的僻远山区，曾经因为山高路远，一度鲜为人知，几乎与世隔绝，经济发展非常落后。党和国家非常重视这一地区，并在1975年派出一个科研工作组对九寨沟进行了综合考察。工作组的科学家们经过全面、细致的探察和考量，最终得出"九寨沟不仅蕴藏了丰富、珍贵的动植物资源，也是世界上少有的优美风景区"的结论。当地政府积极开展了保护自然生态环境的行动，严格控制对森林的砍伐，有效地保护了九寨沟高原水体和森林等自然景观，使之成为我国乃至世界知名的自然风景区。

九寨沟人民在保护身边绿水青山的同时，也从中挖掘到了自己的金山银山。根据当地政府数据统计，2021年九寨沟县共接待游客365.55万人次，旅游总体收入达到57.49亿元。优美的自然环境、原始的生态景观，成为生活在九寨沟自然保护区周边居民的"摇钱树"，帮助他们成功脱贫致富。

九寨沟

我国的科学家一直在研究一个课题，那就是如何评估绿水青山所提供生态产品的经济价值，让社会大众、管理者共同关注绿水青山的巨大作用，一同推动将绿水青山转化为金山银山的实际行动。

中国科学院生态环境研究中心的欧阳志云研究员，就是我国乃至世界上最早开展自然生态系统服务价值研究的科学家代表。

他出生在有着"专家院士县"美称的湖南省攸县，师承我国生态学泰斗马世骏院士，很早就开始从事对自然生态系统评估的研究，为我国自然保护区的建设事业做出了突出贡献。例如，我国大熊猫自然保护区建设的很多基础调查和研究工作就是欧阳老师参与完成的。

1993年，欧阳志云博士毕业后，留任在中国科学院生态环境研究中心。很快，他就敏锐地意识到生态系统服务及其价值评估的重要性，率先在国内开展了生态系统服务价值评估的研究。他还与美国、德国等几个国际先进研究团队强强联合，开展了长期的合作研究，使得我国的生态系统服务价值的研究成果始终保持在国际先进水平。

欧阳志云带领他的科研团队，首次利用国际认可的生态系统服务价值评估体系，测算出2015年我国生态系统所提供的生态产品总价值为62.7万亿元，大约是当年我国国内生产总值（GDP）的90%。换句同学们简单易懂的话就是：我们身边的森林、草原、湖泊等自然生态系统，在不知不觉中为我们贡献了差不多又一个GDP。

接着，这支科研团队进一步提出了生态系统生产总值（GEP）的概念和核算方法，并科学规范了绿水青山转化为金山银山的质量测量方法，目前已被广泛应用于我国多个省、市、县生态产品价值的实际核算。

小贴士

生态系统生产总值（GEP），是指生态系统为人类福祉和经济社会可持续发展，所提供的各种最终物质产品与服务价值的总和，主要包括生态系统提供的物质产品、调节服务和文化服务的价值。

欧阳志云科研团队所致力的生态系统服务价值评估的创新性研究，不仅为我国的绿水青山向金山银山转化提供了科学理论依据，也赢得了国际科学研究领域的认可。

"将国家公园的生态价值转换为经济效益，对海南的经济发展会有重要的支撑。"在2022年博鳌亚洲论坛年会上，欧阳志云指出，海南完全可以利用生态环境的优势，将绿水青山转化为金山银山。

因为他注意到，海南热带雨林国家公园的调蓄水量达到了38.70亿立方米。"优质的水资源可以带来很大的生态价值。但同时还要注意加强公园周边地区的发展，打造优质的生态产品，并通过技术创新，将生态优势和美学优势转化为实际的经济效益。"说到这里，科学家眼中闪耀出自信的光芒。

生态文明建设是一项长期且充满挑战的巨大工程，只有当人类意识到身边的树木、草坪、湖泊、河流都具有重要的价值，我们才会更好地保护和利用它们。

习近平爷爷曾经说过："绿水青山就是金山银山。"这充分说明了，以绿水青山为代表的高质量森林、草地、湿地等生态系统，不但为人类提供了丰富的生态产品，也影响和制约着人类的生活与生产活动，因而不仅具有巨大的生态价值，更是一笔宝贵的经济财富。

同学们，你们有信心为祖国守护好绿水青山吗? 接下来，就看你们的行动啦!

夏天,光着脚丫走在暖洋洋的沙滩上,回头一看,哈哈,身后一准会留下一串漂亮的脚印! 踩在沙滩上的脚印容易看到,但是,我们在超市、餐馆、公交站,甚至在大街上走过的时候,是不是也会留下行走的足迹呢?

有的同学可能会说:"什么行走的足迹? 根本没见过!"

是的,我们所有的活动都会留下一种特殊的足迹,一般人看不见、摸不着,它叫作生态足迹。

那么,什么是生态足迹呢?

让画面先切入一个再普通不过的早晨:听到闹钟的蜂鸣,你睁开双眼,果断地离开温暖的被窝,穿好校服;洗漱之后,你坐到餐桌前,三口两口就解决了妈妈精心准备的早餐;老爸的训诫还没说完,你就已经抓起书包,冲出家门,骑上自行车,一路猛蹬到了学校;当上课铃声响起时,你已经坐在课桌前,打开课本,做好了上课的准备……

画面定格，回放，让我们来分析一下：

棉被和校服都是用棉花纺织加工后制成的，早餐则是用粮食加工烹饪的。种植棉花和粮食都离不开农田。

餐桌和课桌是用木材制造的，用木材制成的纸浆最后变成了印刷课本的纸张。这些木材都是从森林采伐而来的。

从矿山开采出来的铁矿石，经过冶炼之后，变成了制造自行车和餐具所用的钢铁。

建设住宅、教室和道路所使用的水泥，也是由开采而来的石灰石经过煅烧生成的……

农田种植，森林采伐，矿山开发，工厂、房屋、道路和学校的建设……这些做法或者说活动，都需要消耗地球上的自然资源，并排放出二氧化碳和其他废物。而我们每一位同学，以及地球上的所有人，在这些资源消耗和废物排放中，都占有一定的空间。

生态足迹，也叫生态占用，是指在现有的技术条件下，某一人口单位（一个人、一个城市、一个国家或全人类）需要多少具备生产力能力的土地和水域，来生产所需资源和吸收所衍生的废物。

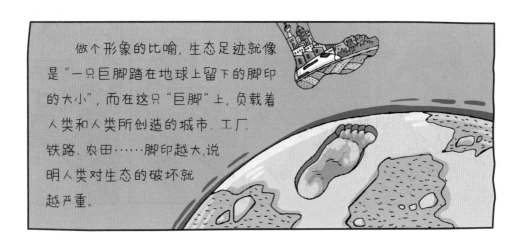

做个形象的比喻，生态足迹就像是"一只巨脚踏在地球上留下的脚印的大小"，而在这只"巨脚"上，负载着人类和人类所创造的城市、工厂、铁路、农田……脚印越大，说明人类对生态的破坏就越严重。

原来，生态足迹反映的就是人类对世界造成的影响范围啊。那么，我们每个同学的生态足迹会有多大呢？

脚丫的大小，决定了踩在沙滩上的脚印的大小；而我们每个人不同的生活方式，则决定了自己的生态足迹的大小。但是有一点是肯定的：勤俭节约会缩小我们的生态足迹，而铺张浪费则会增大我们的生态足迹。

小贴士

网上有生态足迹计算器，同学们可以输入自己的日常生活消费，计算一下自己的生态足迹的大小。

https://www.footprintcalculator.org/home/zh

在 2018 年，科学家对全球各国居民的生态足迹进行了计算，发现当年人均生态足迹最大的国家是卡塔尔，人均生态足迹最小的国家是朝鲜。我们中国则是排在全球 200 多个国家和地区中的第 72 位。

"我只是一名小学生，我的生态足迹大点儿小点儿，对整个世界能有多大影响？"有的同学可能会这样想。

当然有影响！虽然我们每个人的生态足迹看起来都不大，但如果把全球80亿人的生态足迹都加起来，那就非常可怕了。

根据科学家估算，全球的生态足迹在2008年就已经达到了1.5个地球。也就是说，人类在1年里消耗掉的自然资源，需要用1年半的时间来补充恢复。

由此推算，从20世纪70年代起，人类就一直在"负债经营"：我们破坏和消耗自然资源的速度，高于生态自然所能够恢复的速度！

这种"负债经营"的后果很严重：

森林被砍伐、火烧，或转为农田，"地球之肺"在萎缩；

美丽的草原由于过度放牧而变得荒芜，甚至退化成沙漠，再也不见"风吹草低见牛羊"的壮观景象；

沿海曾经水草丰茂、百鸟聚集的滩涂湿地被抽干建成港口和城市；

美丽的山川更是因为采矿掘沙被挖得千疮百孔……

人类也不得不吞下破坏生态环境结下的苦果：

森林和草地的消失，不但造成了水土流失，更对气候环境产生了重大影响。全世界很多地区出现了干旱，人畜饮水困难，农作物颗粒无收。

湿地、草原和森林转化为农田、城市，也令野生动植物失去了它们的家园。有超过100万个物种在未来十年面临着灭绝的风险，也许就会像恐龙一样从地球上消失。

森林被砍伐，土壤大量流失。大气中原本应被树木和土壤吸收的二氧化碳得不到吸收，温室效应不断增强，引起全球气候变暖。同学们可能都知道，2022年春天，南极的气温比正常时的温度高了38.5℃，冰川在融化。人们也在惊呼：地球"发烧"了！

面对这种影响人类长期生存的不利变化，科学家们纷纷出手。

首先，需要观察到人类在地球上的生态足迹。为此，科学家们借助了人类巡游在太空中的眼睛——人造卫星。安装在人造卫星上的照相机能够拍下全球每一个角落的变化，帮助我们准确监测全球

小贴士

地球历史上一共经历过五次生物大灭绝事件，使得地球上的生物种类损失超过75%。但是，这些大灭绝都是由地质活动引起的。假如，第六次生物大灭绝真的发生了，那么，人类将是造成这场灾难的罪魁祸首。

生态环境的变化。

2013 年，清华大学的宫鹏科研团队分析了全球 8000 多幅卫星影像，在世界上首先发表了分辨率极高的全球地表制图。他们发现，农田已经占到地球陆地表面积的 11.5%，居住区和道路等建筑设施也占到了 0.7%。在后面的研究中，他们又将全球地表制图的分辨率从 30 米提高到 3 米。这样一来，科学家们就能够观察到更多的人类生态足迹。

能够看到人类的生态足迹只是第一步，科学家还必须能够预知人类的生态足迹将对地球环境产生什么样的深远影响。这样人类才能够采取应对措施，避免造成更大的损失。

为了掌握这种"未卜先知"的能力，中国科学院大气物理研究所的曾庆存院士率先站了出来。在他的倡议和推动下，中国科学院大气物理研究所联合清华大学的科学家同行，一起"把地球搬进了实验室"，建成了一个地球系统数值模拟装置。科学家们还给这个模拟装置起了一个小名，叫作"寰寰"。

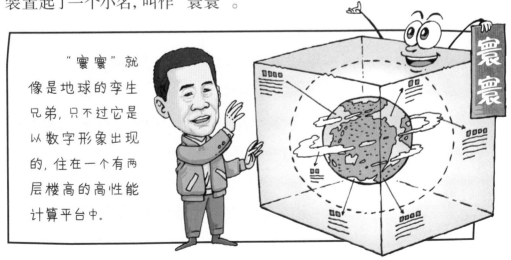

"寰寰"就像是地球的孪生兄弟，只不过它是以数字形象出现的，住在一个有两层楼高的高性能计算平台中。

说起这个平台的大脑——"硅立方"，那真是非常强大！作为我国研发的面向人工智能、大数据等多种应用场景的新一代计算机，不但占地面积小，而且计算密度非常高，每分钟的计算能力，相当于全球80亿人同时使用计算器不间断地计算4年。

借助平台的大数据、云计算，"寰寰"不但能够模拟出二氧化碳排放造成地球温度升高的过程，而且能够模拟地球环境的变化以及地球其他系统的变化过程。有了"寰寰"，我们中国参与国际气候和环境谈判的底气也就更足了！

在太空中的眼睛和"寰寰"的帮助下，科学家们能够看到人类活动在地球上产生的生态足迹，预测人类活动对地球的影响，进而能够更好地解读地球、保护地球。

"中国的科学家是以爱国主义为底色的。为祖国、为人民献身科学，这就是中国科学家的精神。"曾庆存院士曾经这样说过，"时不待人，我们老了。我更寄希望于下一代。"

同学们，这是中国科学家对你们的殷切厚望。未来随着科技的不断发展，人类也许还会有更多的科学帮手。或许，你们就是这些科学帮手的设计师呢！